Ernst Probst

Die Dolchzahnkatze Megantereon

Ernst Probst

Die Dolchzahnkatze Megantereon

GRIN Verlag

Die Deutsche Bibliothek verzeichnet diese Publikation in der Deutschen Nationalbibliografie; detaillierte bibliografische Daten sind im Internet über http://dnb.d-nb.de/ abrufbar.

1. Auflage 2011
Copyright © 2011 GRIN Verlag GmbH
http://www.grin.com
Druck und Bindung: Books on Demand GmbH, Norderstedt Germany
ISBN 978-3-640-86935-0

Ernst Probst

Die Dolchzahnkatze
Megantereon

INHALT

Widmung / Seite 3

Dank / Seite 7

Vorwort / Seite 11

Kein Name ist ideal:
Säbelzahntiger,
Säbelzahnkatze,
Dolchzahnkatze
Seite 13

Megantereon:
So groß
wie ein Jaguar
Seite 27

Funde von Säbelzahnkatzen
und Dolchzahnkatzen
aus aller Welt
Seite 47

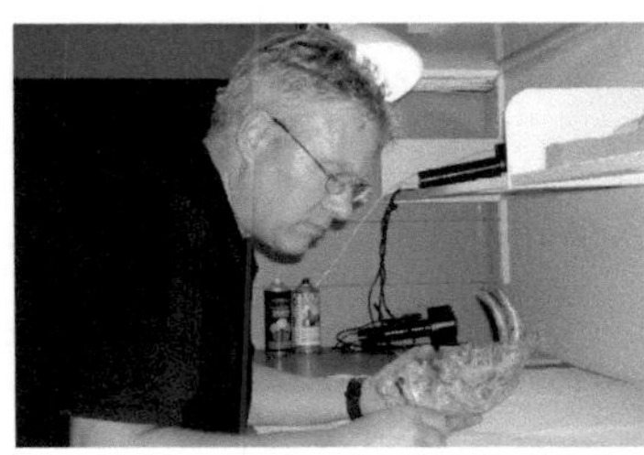

Säbelzahnkatzen
und Dolchzahnkatzen
in Museen
Seite 72

Der Autor 77
Literatur 79
Bildquellen 89
Bücher von Ernst Probst 91

Dank

Für Auskünfte, mancherlei Anregung, Diskussion
und andere Arten der Hilfe danke ich:

Mauricio Antón Ortúzar,
Departamento de Paleobiología,
Museo Nacional de Ciencias Naturales-CSIC, Madrid

René Bleauanus, Gorinchem, Niederlande

Professor Dr. Helmut Hemmer, Mainz

Dr. Martin Lödl,
Leiter der 1. Zoologischen Abteilung,
Naturhistorisches Museum Wien

Dick Mol,
Experte für fossile Säugetiere (vor allem Mammut)
aus dem Eiszeitalter,
Hoofddorp bei Amsterdam, Niederlande

Professor Dr. Jorge Morales,
Departamento de Palaeobiología,
Museo Nacional de Ciencias Naturales-CSIC,
Madrid

Heiner Roos, Altbürgermeister, 1. Vorsitzender des
Fördervereins Dinotherium-Museum e.V. Eppelsheim

Dr. Oliver Sandrock, Paläontologe,
Hessisches Landesmuseum Darmstadt

Miron Seffzek,
Urzeitshop (www.urzeitshop.de), Duvensee
Shuhei Tamura, Kanagawa, Japan

Thüringer Zoopark Erfurt

Professor Dr. Alan Turner
Research Centre in Evolutionary Anthropology
School of Natural Sciences and Psychology
Liverpool John Moores University, Liverpool

Kees van Hooijdonk,
Experte für fossile Katzen, Rucphen, Niederlande

Wilrie van Logchem,
Experte für fossile Katzen, Culemborg, Niederlande

Hans Wildschut, Fotograf, Hoofddorp,Niederlande

Frank Wouters, Antwerpen, Belgien

Dick Mol, Experte für fossile Säugetiere
aus dem Eiszeitalter (vor allem Mammut)
aus Hoofddorp (Niederlande),
ist zusammen mit Wilrie van Logchem,
Kees van Hooijdonk und Remie Bakker
einer der Autoren der Bücher
„De Sabeltand Tijger uit de Noordzee" (2007) und
„The Saber-Toothed Cat of the Nordsea" (2008).

10

Die Dolchzahnkatze
Megantereon

Mit einer Schulterhöhe von etwa 70 Zentimetern und einer Kopfrumpflänge von rund 1,20 Metern war die urzeitliche Dolchzahnkatze *Megantereon* ungefähr so groß wie ein heutiger Jaguar *(Panthera onca)*. Mit ersterer Raubkatze befasst sich das Taschenbuch „Die Dolchzahnkatze Meganteron" des Wiesbadener Wissenschaftsautors Ernst Probst.*Megantereon* existierte in vier Erdteilen vom Pliozän vor ca. drei Millionen Jahren bis zum Eiszeitalter vor etwa 500.000 Jahren und lebte vor rund einer Million Jahre auch in Deutschland.
Dieses Taschenbuch ist Professor Dr. Helmut Hemmer aus Mainz, Kees van Hooijdonk aus Rucphen (Niederlande) und Dick Mol aus Hoofddorp (Niederlande) gewidmet. Hemmer gilt als international renommierter Experte für fossile Katzen und war früher am Zoologischen Institut der Universität Mainz tätig. Hooijdonk genießt international einen guten Ruf als Experte für Säbelzahnkatzen.Mol ist Experte für fossile Säugetiere aus dem Eiszeitalter (vor allem Mammut). Alle drei haben dem Autor mit großer Geduld bei den Recherchen für verschiedene Taschenbücher geholfen.
Ernst Probst hat bisher mehr als 100 Bücher, Taschenbücher, Broschüren, Museumsführer und E-Books veröffentlicht. Darunter befinden sich etliche Werke über fossile Raubkatzen wie „Säbelzahnkatzen,„Säbelzahntiger am Ur-Rhein", „Der Mosbacher Löwe", „Höhlenlöwen" und „Der Höhlenlöwe".

Modell der Säbelzahnkatze Homotherium latidens
aus dem Eiszeitalter, angefertigt von dem niederländischen
Bildhauer Remy Bakker aus Rotterdam

Kein Name ist ideal:
Säbelzahntiger, Säbelzahnkatze,
Dolchzahnkatze

Gleich vorweg: Die Namen Säbelzahntiger, Säbelzahnkatze und Dolchzahnkatze sind allesamt mehr oder minder problematisch. Der vor allem gerne von Laien, aber auch von manchen Wissenschaftlern verwendete Ausdruck Säbelzahntiger weckt vielleicht die falsche Vorstellung, dieses Tier sei eng mit dem heutigen Tiger verwandt und immer so groß wie dieser. Auch der etwas modernere Begriff Säbelzahnkatze ist unzutreffend, weil die Eckzähne (Fangzähne) bei den verschiedenen Formen dieser Raubtiere nicht haargenau wie ein Säbel aussehen. Zudem klingt der Wortteil „katze" bei einem bis zu tigergroßen Tier zumindest für Laien etwas merkwürdig.

Nicht nur auf Gegenliebe stößt die Aufsplitterung in Säbelzahnkatzen (englisch: saber-toothed cats, scimitar-toothed cats oder scimitar cats) und Dolchzahnkatzen (englisch: dirk-toothed cats). Säbelzahnkatzen heißen – dieser Einteilung zufolge – nur schlanke Gattungen wie *Machairodus* und *Homotherium* mit verhältnismäßig langen Beinen sowie kürzeren, breiteren, stark gebogenen, krummsäbelartigen Eckzähnen. Dolchzahnkatzen wie die Gattungen *Megantereon* und *Smilodon* dagegen waren eher robust gebaut, besaßen kurze und kräftige Beine, einen gestreckten Körper und trugen längere und schmalere Eckzähne. Verwirrend ist aber, dass die 1999 beschriebene neue Gattung *Xenosmilus* sowohl Merkmale von Säbelzahnkatzen als auch von Dolchzahnkatzen in sich vereint. Überdies können viele Laien mit dem Begriff Dolchzahnkatzen wenig anfangen, weil ihnen seit lan-

Amerikanischer Zoologe
Theodore Gill (1837–1914)

Dinofelis auf einer
Zeichnung des
japanischen Künstlers
Shuhei Tamura
aus Kanagawa

ger Zeit nur die Namen Säbelzahntiger oder Säbelzahnkatze vertraut sind.

In der wissenschaftlichen Systematik gehören die Säbelzahnkatzen und Dolchzahnkatzen zu den Höheren Säugetieren (Eutheria), Raubtieren (Carnivora), Katzenartigen (Feloidea), Katzen (Felidae) und Säbelzahnkatzen (Machairodontinae). Der amerikanische Zoologe Theodore Gill (1837–1914) hat die Unterfamilie der Machairodontinae 1872 erstmals beschrieben.

Echte Säbelzahnkatzen existierten vom Mittelmiozän vor etwa 15 Millionen Jahren bis zum Ende des Eiszeitalters (Pleistozän) vor etwa 11.700 Jahren. Wenn in der Literatur noch ältere Säbelzahnkatzen erwähnt werden, handelt es sich dabei um Formen, die man heute als falsche Säbelzahnkatzen oder Scheinsäbelzahnkatzen bezeichnet.

Zähne und Knochen von Säbelzahnkatzen und Dolchzahnkatzen hat man in Nordamerika, Südamerika, Asien, Europa und Afrika entdeckt. Auch in Deutschland wurden Reste von Säbelzahnkatzen und Dolchzahnkatzen geborgen. Nur aus Australien liegen keine Funde vor.

Die Säbelzahnkatzen und Dolchzahnkatzen werden in der Literatur oft in drei Stämme (Tribus) aufgeteilt: Metailurini, Homotheriini und Smilodontini.

Zu den Metailurini gehören folgende Gattungen:
Metailurus: Miozän in Europa und Asien
Adelphailurus: Miozän in Nordamerika
Dinofelis: Pliozän und Pleistozän in Afrika, Europa (Frankreich), Asien und Nordamerika
Ein Teil der Wissenschaftler rechnet die Metailurini heute nicht mehr zu den Säbelzahnkatzen (Machairodontinae), sondern zu den Kleinkatzen (Felinae).

Zu den Homotheriini (saber-toothed cats, scimitar-cats) gehören folgende Gattungen:

*Rekonstruktion der Säbelzahnkatze Machairodus
aus dem Miozän von 1902*

*Rekonstruktion der Dolchzahnkatze Smilodon
von Charles Robert Knight (1874–1953) von 1905*

Machairodus: Miozän und Pliozän in Europa, Asien, Afrika und Nordamerika
Xenosmilus: unterstes Pleistozän in Nordamerika
Homotherium: frühes Pliozän bis spätestes Pleistozän in Europa, Asien, Afrika, Nordamerika und neuerdings auch Südamerika

Zu den Smilodontini (dirk-toothed cats) zählen folgende Gattungen:
Paramachairodus: mittleres bis oberes Miozän in Europa und Asien
Megantereon: Pliozän bis Mittelpleistozän in Europa, Asien, Afrika, Nordamerika
Smilodon: oberes Pliozän bis oberstes Pleistozän in Nord- und Südamerika

In Kino- oder Fernsehfilmen werden Säbelzahnkatzen bzw. Dolchzahnkatzen oft als sehr große und furchterregende Raubtiere dargestellt. Tatsächlich besaßen nur wenige Arten ungefähr die Größe eines heutigen Löwen (*Panthera leo*) mit einer Höhe von einem Meter und einer Gesamtlänge bis zu 2,80 Metern oder vielleicht sogar eines Sibirischen Tigers (*Panthera tigris altaica*) mit einer Höhe bis zu einem Meter und einer Gesamtlänge bis zu drei Metern.
Imposante Maße hatten die Säbelzahnkatzen *Machairodus giganteus* (ca. 2,50 Meter Gesamtlänge, 1,20 Meter Schulterhöhe) und *Homotherium crenatidens* (mehr als zwei Meter Gesamtlänge, 1,10 Meter Schulterhöhe) sowie die Dolchzahnkatze *Smilodon populator* (etwa 2,40 Meter Gesamtlänge, 1,20 Meter Schulterhöhe), die in älterer Literatur oft als größte Art der Säbelzahntiger bezeichnet wird. Viele andere Arten waren kleiner als ein Leopard (*Panthera pardus*), der mit Schwanz bis zu 2,30 Meter lang ist, oder ein Ozelot (*Leopardus pardalis*), der insgesamt bis zu 1,45 Meter lang wird.

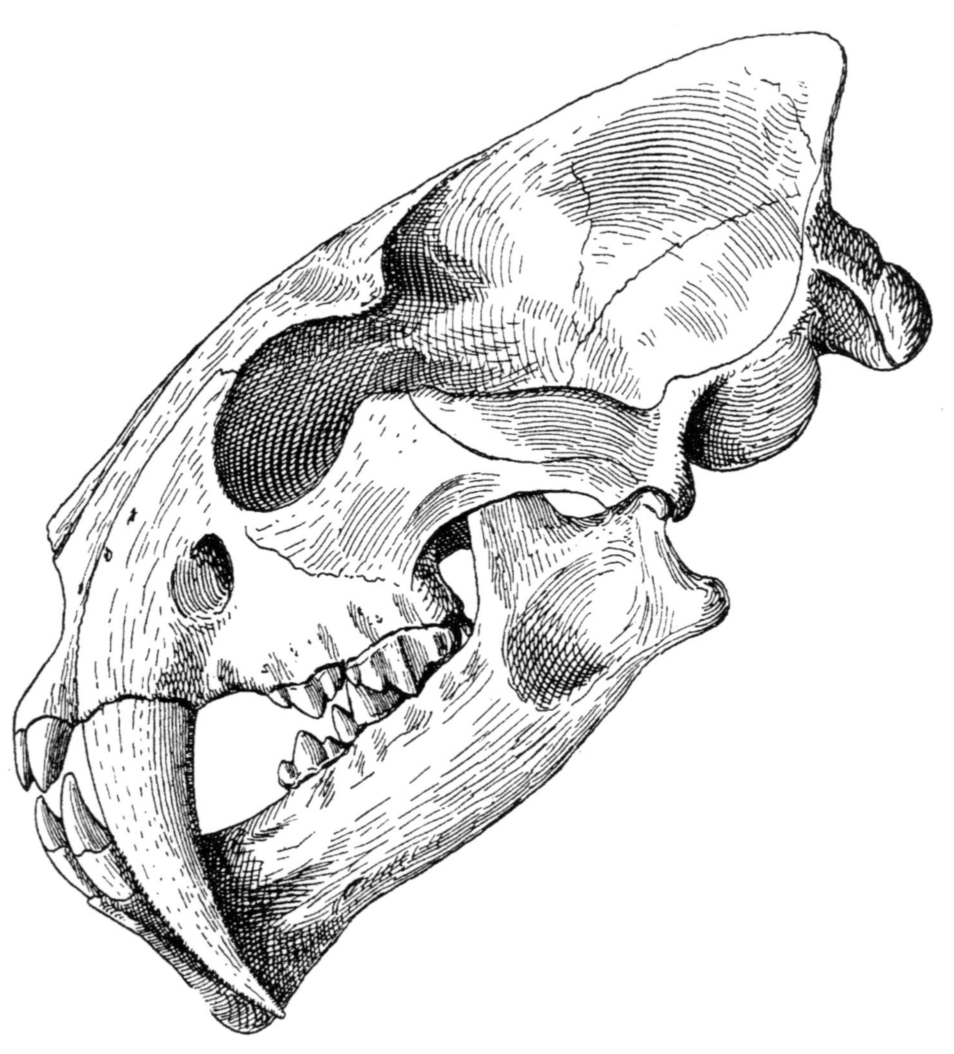

*Schädel der Säbelzahnkatze
Machairodus cultridens
aus dem Obermiozän.
Diese Art gilt heute als Synonym
von Machairodus aphanistus.*

Säbelzahnkatzen und Dolchzahnkatzen konnten ihren Unterkiefer bis um 120 Grad nach unten aufreißen. Das versetzte sie in die Lage, ihre langen Eckzähne voll einzusetzen. Gegenwärtige Katzen können ihre Kiefer nur um 65 bis 70 Grad öffnen.

Ober- und Unterkiefer der Säbelzahnkatzen und Dolchzahnkatzen waren durch ein Scharniergelenk verbunden. Ihr Gebiss hatte je nach Gattung oder Variation innerhalb derselben unterschiedlich viele Zähne. Bei *Machairodus* waren es 30 Zähne, bei *Homotherium* und *Megantereon* jeweils 28 Zähne und bei *Smilodon* 26 bis 28 Zähne. Davon abweichende Zahlenangaben beruhen darauf, dass der sehr kleine (rudimentäre) Backenzahn in beiden Oberkieferästen oft nicht in der Zahnformel erwähnt wird.

Lücken (Diastema) ermöglichten es, dass die Eckzähne beim Schließen des Maules aneinander vorbei gleiten konnten. Die Eckzähne dienten zum Packen, Festhalten und Töten der Beute, die Reißzähne zum Abbeißen von Fleischstücken, die unzerkaut geschluckt wurden. Die Reißzähne besaßen zackige Spitzen, die beim Beißen scherenartig aneinander vorbei glitten.

Über die Lebensweise der Säbelzahnkatzen und Dolchzahnkatzen gab und gibt es immer noch viele Diskussionen. Heute überwiegt die Ansicht, sie seien aktive Räuber gewesen. Gelegentlich heißt es aber auch, sie könnten sich als reine Aasfresser ernährt haben. Der niederländische Experte Kees van Hooijdonk aus Rucphen vermutet, Säbelzahnkatzen und Dolchzahnkatzen könnten versucht haben, anderen Raubkatzen die Beute abzunehmen, wenn sich Gelegenheit dafür bot. In Zeiten der Knappheit hätten sie vielleicht auch Aas gefressen. Wegen des teilweise recht großen Körpers mancher Arten nimmt man an, diese hätten recht stattliche Beutetiere zur Strecke bringen können.

Umstritten ist, ob Säbelzahnkatzen und Dolchzahnkatzen auch riesige erwachsene Rüsseltiere oder zumindest deren Jungtiere angegriffen haben. Anhaltspunkte hierfür lieferten zahlreiche Mammutskelette, die neben einigen Skeletten der Säbelzahnkatze *Homotherium serum* in der Friesenhahn-Höhle (Bexar County) bei San Antonio in Texas entdeckt wurden.

Nicht völlig geklärt ist die Funktion der charakteristischen Eckzähne der Säbelzahnkatzen und Dolchzahnkatzen, die kontinuierlich nachwuchsen. Einerseits heißt es, damit hätten diese Raubkatzen sehr großen Beutetieren tiefe Stich- und Reißwunden zufügen können, an denen die Beutetiere verblutet seien. Andererseits verweisen skeptische Experten darauf, dass die relativ weichen Eckzähne bei solch einer starken Belastung leicht brechen hätten können.

Ein Teil der Fachleute hält es für möglich, dass Säbelzahnkatzen und Dolchzahnkatzen mit ihren Eckzähnen bereits am Boden liegenden, wehrlosen Beutetieren gleichzeitig Halsschlagader und Luftröhre durchtrennten. Dabei hätten sie mit ihren kräftig ausgebildeten Vordergliedmaßen Beutetiere gegen den Boden gedrückt, um einen präzisen Todesbiss anzubringen.

Nach einer anderen Theorie dienten die eindrucksvollen Eckzähne der Säbelzahnkatzen und Dolchzahnkatzen lediglich dazu, ihren eigenen Artgenossen zu imponieren. Weil die Eckzähne bei verschiedenen Arten sehr unterschiedlich gestaltet sind, ist es auch möglich, dass sie auf unterschiedliche Art und Weise benutzt worden sind.

Laut einer weiteren Theorie könnten sich Säbelzahnkatzen und Dolchzahnkatzen von Blut, Eingeweiden und weichen, leicht abzufressenden Körperteilen ernährt haben, welche die langen Eckzähne nicht gefährdeten. Den Rest der Beute ließen sie vermutlich liegen, was oft Aasfresser anlockte. Vermutlich besaßen Säbelzahnkatzen und Dolchzahnkatzen wie heutige Katzen verhornte Papillen auf der Zunge, um ohne Gefahr für die Zähne von Knochen das Fleisch ablösen zu können.

*Lebensbild der Säbelzahnkatze Machairodus aphanistus
aus dem Obermiozän vor etwa zehn Millionen Jahren.
Zeichnung des akademischen Malers Pavel Major
aus Prag im „Dinotherium-Museum" in Eppelsheim.*

*Fragment eines linken Unterkieferastes mit Zähnen der
Säbelzahnkatze Machairodus aphanistus aus der Gegend
von Eppelsheim. Maßstrich rechts unten: 2 Zentimeter.
Original im Hessischen Landesmuseum, Darmstadt*

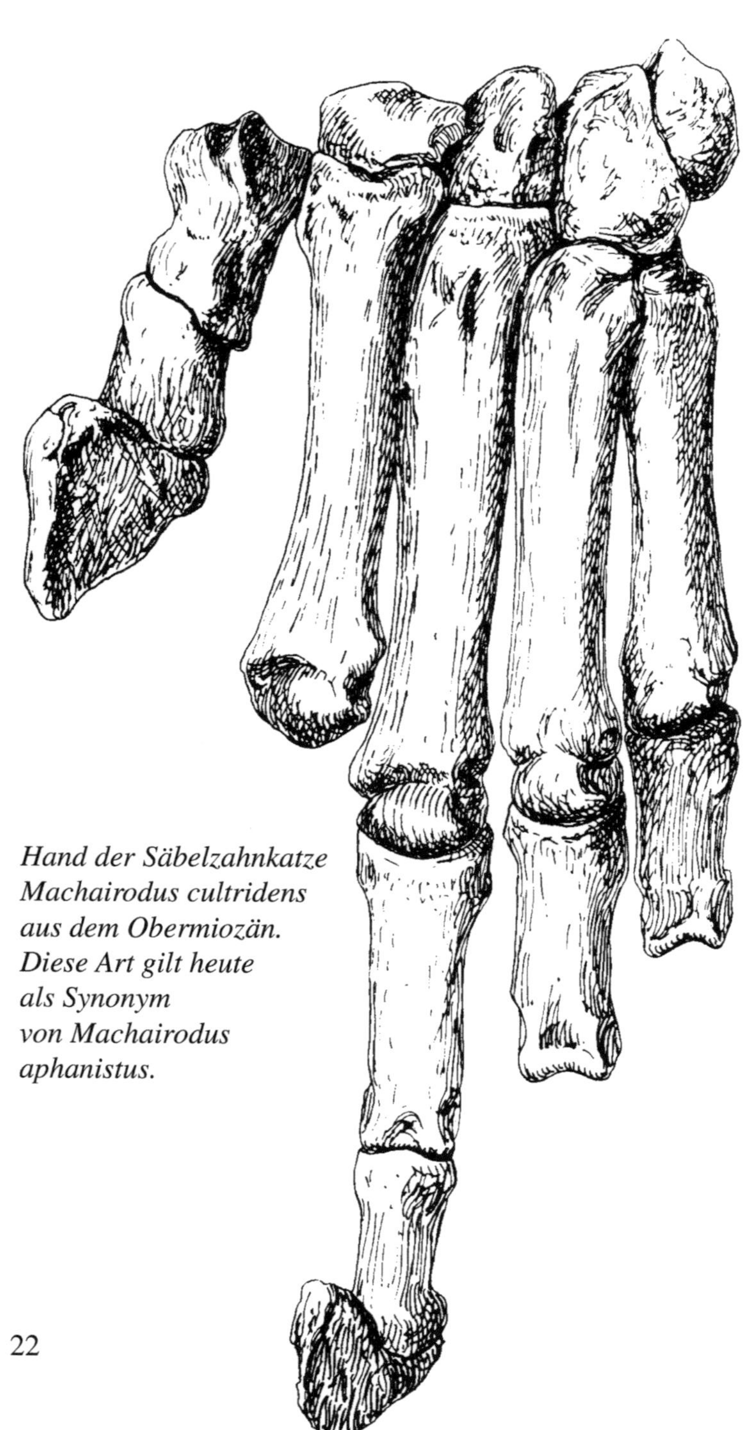

*Hand der Säbelzahnkatze
Machairodus cultridens
aus dem Obermiozän.
Diese Art gilt heute
als Synonym
von Machairodus
aphanistus.*

Nach den bisherigen Funden zu schließen, stammen die ältesten Fossilien von Säbelzahnkatzen und Dolchzahnkatzen aus dem Mittelmiozän vor etwa 15 Millionen Jahren. Aus dem Obermiozän vor etwa zehn Millionen Jahren kennt man Reste der Säbelzahnkatze *Machairodus aphanistus* und der Dolchzahnkatze *Paramachairodus ogygius* aus Ablagerungen des Ur-Rheins bei Eppelsheim in Rheinhessen, vom ehemaligen Vulkan Höwenegg bei Immendingen/Donau (Kreis Tuttlingen) und aus Melchingen, heute ein Stadtteil von Burladingen (Zollernalbkreis). Etwas jünger sind die auf etwa 8,5 Millionen Jahre datierte Säbelzahnkatze *Machairodus* cf. *aphanistus* sowie die Dolchzahnkatzen *Paramachairodus orientalis* und *Paramachairodus ogygius*) aus Dorn-Dürkheim in Rheinhessen. Die Abkürzung „cf." (lateinisch: confer = vergleiche) wird benutzt, wenn eine Bestimmung unsicher ist. Sie steht vor dem unsicheren Bestandteil des Namens, im erwähnten Fall vor der Art *aphanistus*.

Machairodus war vielleicht der Ahne der Gattung *Homotherium*, die sich im frühen Pliozän entwickelte. *Homotherium* existierte etwa vor 5 Millionen bis 11.700 Jahren. Diese Gattung ist auch von mehreren eiszeitlichen Fundorten aus Deutschland bekannt.

Ein Zeitgenosse von *Homotherium* war die Dolchzahnkatze *Megantereon*, die vom frühen Pliozän vor etwa 4,5 Millionen Jahren bis zum mittleren Eiszeitalter vor etwa 500.000 Jahren verbreitet war. *Homotherium* und *Megantereon* kamen in der Gegend von Chilhac und Senèze (beide in Frankreich) sowie in Untermaßfeld bei Meiningen (Deutschland) zusammen vor. *Megantereon* ähnelte sehr seinem Nachfahren *Smilodon*.

Die Dolchzahnkatze *Smilodon* lebte vom Oberpliozän vor mehr als 2,5 Millionen Jahren bis zum späten Pleistozän und starb erst vor etwa 11.700 Jahren zu Beginn des Holozän (Heutzeit) aus. Von *Smilodon* wurden nur in Nord- und Südamerika fossile Reste gefunden. Besonders viele Fossilien von *Smilodon* sind vom Fundort Rancho La Brea im Stadtgebiet von Los Angeles in Kalifornien bekannt.

Als so genannte Scheinsäbelzahnkatzen gelten einige Arten der Nimravidae und der Barbourofelidae. Verlängerte obere Eckzähne wie bei den Säbelzahnkatzen und Dolchzahnkatzen gab es außerhalb der Raubtiere auch bei zwei anderen Ordnungen der Säugetiere. Nämlich bei den Creodonten wie *Machaeroides* und den zu den Beuteltieren gehörenden Thylacosmiliden wie *Thylacosmilus*.

Machaeroides wurde 1901 von dem aus Kanada stammenden Paläontologen William Diller Matthew (1871– 1930) beschrieben. Bei der wissenschaftlichen Untersuchung hatten ihm zwei Unterkiefer und ein Zahn aus Wyoming (USA) aus dem Eozän (etwa 53 bis 34 Millionen Jahre) vorgelegen. Der Artname *Machaeroides simpsoni* erinnert an den amerikanischen Paläontologen George Gaylord Simpson (1902–1984). *Machaeroides* hatte eine Schulterhöhe von ca. 30 Zentimetern, eine Kopfrumpflänge von etwa 60 Zentimetern und – zusammen mit dem ungefähr 30 Zentimeter langen Schwanz – eine Gesamtlänge von rund 90 Zentimetern.

Die erste Beschreibung von *Thylacosmilus atrox* erfolgte 1934 durch den amerikanischen Paläontologen Elmer Riggs (1869– 1963). Sie erfolgte auf der Basis von zwei Teilskeletten aus dem Pliozän von Argentinien. Diese Funde gelten als die am komplettesten erhaltenen Fossilien jener Art. *Thylacosmilus atrox* hatte etwa die Größe eines südamerikanischen Jaguars. Er erreichte eine Schulterhöhe von ca. 60 Zentimetern, eine eine Kopfrumpflänge von etwa 1,20 Meter, wozu noch ein schätzungsweise 45 Zentimeter langer Schwanz kam.

Unter Kryptozoologen, die weltweit nach verborgenen Tierarten suchen, kursieren Berichte über angebliche Sichtungen von Großkatzen aus Südamerika und Afrika, bei denen es sich um Säbelzahnkatzen handeln soll. Der verhältnismäßig junge Forschungszweig der Kryptozoologie wurde um 1950 von dem belgischen Zoologen und Publizisten Bernard

Heuvelmans (1916–2001) gegründet und bewegt sich zwischen seriöser Wissenschaft und purer Phantasie.
Eingeborene in der Zentralafrikanischen Republik und aus dem Tschad berichteten über mysteriöse „Tiger der Berge" in ihrer Heimat. Spekulationen zufolge könnte es sich um überlebende Tiere der Gattungen *Machairodus* oder *Meganteron* handeln, die aus Afrika durch Fossilien belegt sind. Als an ein Leben im Wasser angepasste Säbelzahnkatzen werden so genannte „Wasserlöwen" oder „Panther des Wassers" gedeutet, die in der Zentralafrikanischen Republik existieren sollen.

*Dolchzahnkatze
Megantereon cultridens
(Schulterhöhe
etwa 70 Zentimeter,
Kopfrumpflänge
bis zu rund 1,20 Meter):
Ein Lebensbild des
japanischen Künstlers
Shuhei Tamura
aus Kanagawa*

Megantereon:
So groß
wie ein Jaguar

In Afrika, Europa, Asien und Nordamerika behauptete sich im Pliozän vor ca. drei Millionen Jahren bis zum Eiszeitalter vor etwa 500.000 Jahren die Dolchzahnkatze *Megantereon*. Die Gattung *Meganteron* wurde 1828 von dem französischen Pfarrer und Amateur-Paläontologen Jean-Baptiste Croizet (1787–1859) aus Neschers und dessen Freund Antoine Claude Gabriel Jobert (genannt der Ältere), der in den 1850-er Jahren starb, erstmals beschrieben.

Die Dolchzahnkatze *Megantereon* erreichte mit einer Schulterhöhe von etwa 70 Zentimetern und einer Kopfrumpflänge bis zu rund 1,20 Meter etwa die Größe eines heutigen Jaguars *(Panthera onca)*. Der Schwanz von *Megantereon* war schätzungsweise 20 Zentimeter lang. Ein Schädelfund von *Megantereon cultridens* aus Senèze in Frankreich misst rund 25 Zentimeter Länge.

In älterer Literatur wird *Megantereon* als „Europäische Säbelzahnkatze" bezeichnet, obwohl diese Gattung nicht nur auf Europa beschränkt war und neben ihr noch andere Säbelzahnkatzen bzw. Dolchzahnkatzen auf diesem Erdteil lebten. Fundorte von *Megantereon* gibt es in Südafrika, Ostafrika, Indien, China, Nordamerika, in der Ukraine, Griechenland, Ungarn, Deutschland, Frankreich, Italien und Spanien.

In Nordamerika entwickelte sich vor etwa 2,5 Millionen Jahren aus *Megantereon* die Dolchzahnkatze *Smilodon*. Die jüngsten Funde von *Megantereon* in Afrika haben ein Alter von etwa 1,5 Millionen Jahren. Aus Elandsfontein in Südafrika kennt man Gliedmaßenreste von *Megantereon*.

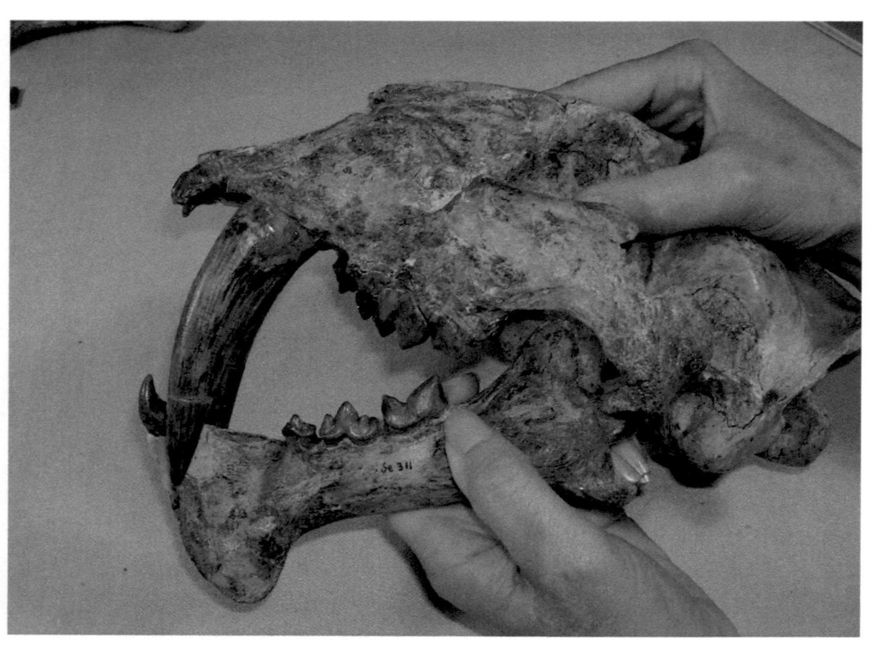

Schädel mit Unterkiefer
und Zähnen
der Dolchzahnkatze
Megantereon cultridens
aus Senèze bei Brioude
(Departement Haute-Loire)
in der Auvergne (Frankreich).
Auffallend sind die langen,
schmalen und seitlich
abgeplatteten oberen Eckzähne.
Länge des Schädels:
etwa 25 Zentimeter.
Der Originalfund wird
im Naturhistorischen Museum
Basel aufbewahrt.

Bei Swartkrans in Südafrika wurde in einer Kalksteinhöhle der Schädel eines vor mehr als einer Million Jahren lebenden Vormenschen der Gattung *Australopithecus* mit den ältesten bekannten Bissspuren entdeckt. Die Löcher im Schädel stammen allerdings nicht von einer Säbelzahnkatze oder Dolchzahnkatze, sondern von einem Leoparden, der seine Eckzähne in den Kopf eines *Australopithecus* geschlagen hatte. Nachzulesen ist dies in dem Taschenbuch „Rekorde der Urmenschen" (2008) des Wiesbadener Wissenschaftsautors Ernst Probst. Ähnliches ereignete sich wahrscheinlich manchmal auch bei Begegnungen zwischen Vormenschen und Dolchzahnkatzen.

Eine Zeichnung in dem englischsprachigen Buch „The big cats and their fossil relatives" von Alan Turner und Mauricio Antón zeigt das Ende einer Begegnung zwischen Leopard und Vormensch in Ostafrika. Die Raubkatze schleift einen von ihr getöteten Vormenschen weg. Im Hintergrund stehen ungerührt drei Rüsseltiere der Gattung *Deinotherium* („Schreckenstier").

In der Gegend von Chilhac in der Auvergne (Departement Haute-Loire) in Frankreich lebten im frühen Eiszeitalter vor etwa 1,9 Millionen Jahren gleichzeitig die Dolchzahnkatze *Megantereon cultridens* und die Säbelzahnkatze *Homotherium crenatidens*. Fossilien von diesem Fundort sind im „Musée de Paléontologie Christian Guth" in Chilhac ausgestellt. Unter den Schaustücken befinden sich auch zwei Eckzähne von *Megantereon cultridens*.

Ein Fund aus Untermaßfeld bei Meiningen in Thüringen belegt, dass *Megantereon* noch im Bavelium vor etwa einer Million Jahren in Mitteleuropa vorkam. Dabei handelt es sich um ein Oberkieferfragment mit Zähnen (Mei 23560). Dieses Fossil gilt als jüngster Nachweis von *Megantereon* in Europa. Es wurde 2001 von dem Mainzer Zoologen Helmut Hemmer als eine Unterart namens *Megantereon cultridens adroveri* beschrieben. Der Name dieser Unterart bezieht sich

„Palaeoartist" Maurizio Antón

Paläontologe Alan Turner

Buch „The big cats and their fossil relatives"

„Katzenpapst" Helmut Hemmer

auf den spanischen Paläontologen Rafael Adrover. Hemmer gilt in der Fachwelt als „Katzenpapst". Als junger Journalist hat der Autor dieses Taschenbuches den Mainzer Katzenspezialisten als stets hilfsbereiten und kompetenten Interviewpartner kennen und schätzen gelernt.

Anders als Hemmer betrachten spanische Paläontologen die Dolchzahnkatze *Megantereon cultridens adroveri* als afrikanischen Einwanderer und nennen sie *Megantereon whitei*. Der Mainzer Zoologe dagegen tendiert zu einer Neubesiedlung Europas mit asiatischen Dolchzahnkatzen. Welcher Name letztlich gültig sein wird, hängt von der Klärung der Herkunft ab.

In Asien behauptete sich *Megantereon* bis vor etwa 500.000 Jahren. In China kam diese Dolchzahnkatze zusammen mit dem Peking-Menschen (*Homo erectus pekinensis*) von Choukutien bei Peking vor, der das Feuer beherrschte und sich als Kannibale betätigte.

Die bis heute entdeckten Fossilien aus Afrika, Asien und Europa scheinen alle von der Art *Megantereon cultridens* zu stammen. Bei den fragmentarisch erhaltenen amerikanischen Funden kann dies allerdings nicht mit letzter Sicherheit gesagt werden.

Basierend auf extremen Größenunterschieden und verschiedenen Merkmalen im Zahnbau unterschiedlicher Regionen und Epochen wurden drei eigenständige Arten vorgeschlagen: *Megantereon cultridens* aus Nordamerika, Asien und dem europäischen Pliozän, *Megantereon whitei* aus Afrika und dem europäischen Unterpleistozän und *Megantereon falconeri* aus Indien. In der Literatur kursieren aber auch noch andere Artnamen.

Ein vollständig erhaltenes Skelett von *Megantereon cultridens* wurde vor 1925 in Senèze, einem Weiler bei Brioude (Departement Haute-Loire) in der Auvergne (Frankreich) entdeckt. Dieses weltweit einzige Skelett von *Megantereon cultridens* wurde 1925 von dem schweizerischen Lehrer und

Paläontologen Samuel Schaub (1882–1962) aus Basel beschrieben.

Die in der Gegend von Senèze durch zahlreiche Fossilfunde überlieferte Tierwelt aus dem Eiszeitalter ist mehr als 1,5 Millionen Jahre alt. An dieser berühmten Lokalität unweit der erwähnten Fundstelle Chilhac kam – wie erwähnt – auch ein komplettes Skelett der Säbelzahnkatze *Homotherium crenatidens* zum Vorschein.

Das im Naturhistorischen Museum Basel aufbewahrte *Megantereon*-Skelett von Senèze („SE311") hat eine Schulterhöhe von ca. 70 Zentimetern und eine Kopfrumpflänge von rund 1,20 Meter. Wegen dessen Größe nimmt man an, es könne von einem Männchen stammen. Bei diesem einmaligen Fossil ragen die oberen Eckzähne etwa neun Zentimeter aus dem Kiefer.

Wie die Säbelzahnkatze *Homotherium* hatte auch die Dolchzahnkatze *Megantereon* insgesamt 28 Zähne. Davon saßen 14 im Oberkiefer und 14 im Unterkiefer. Der linke und der rechte Ast im Oberkiefer sowie der linke und der rechte Ast im Unterkiefer verfügten über jeweils sieben Zähne. Nämlich (von vorne nach hinten betrachtet) jeweils drei Schneidezähne (Incisiven), einen Eckzahn (Caninus), zwei Vorderbackenzähne (Prämolaren P3 und P4) und einen Backenzahn (Molar).

Megantereon besaß lange, flache, obere Eckzähne, die in der Literatur als Dolchzähne bezeichnet werden. Damit konnte diese Raubkatze die Halsschlagader bzw. Luftröhre von Beutetieren durchtrennen. Die Schneidezähne standen weiter vorne als bei heutigen Katzen, was dem Schädel ein leicht eckiges Ausehen verlieh. Mit den Schneidezähnen vermochte *Megantereon* mehr oder minder große Fleischstücke aus Beutetieren zu reißen, ohne von seinen oberen Eckzähnen behindert zu werden.

Auf einen sehr muskulösen Körper deuten die Skelettknochen von *Megantereon* hin. Seine Vorderbeine waren etwa so lang

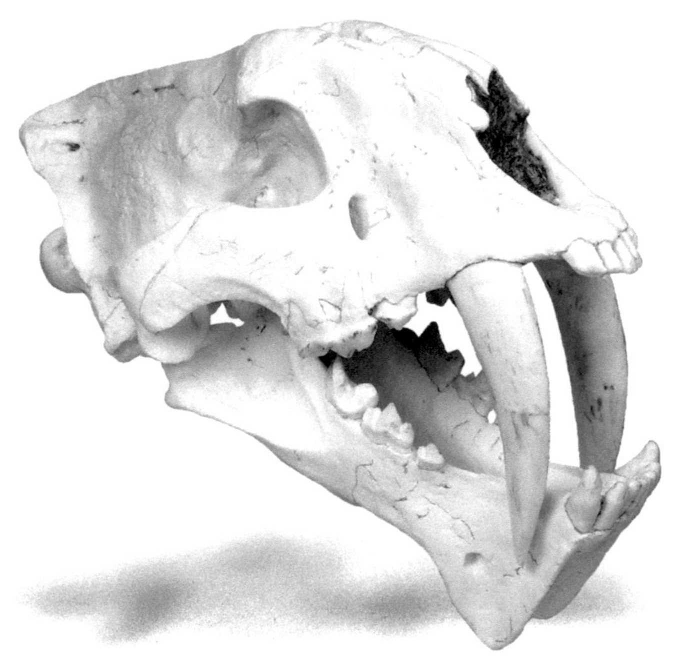

*Replik eines Schädels
der Dolchzahnkatze
Megantereon cultridens
aus dem Urzeitshop
mit der Internetadresse
www.urzeitshop.de
von Miron Seffzek
aus Duvensee.
Maße des Schädels:
28 Zentimeter Länge,
14,5 Zentimeter Höhe
bei geschlossenem Maul,
13 Zentimeter Breite.*

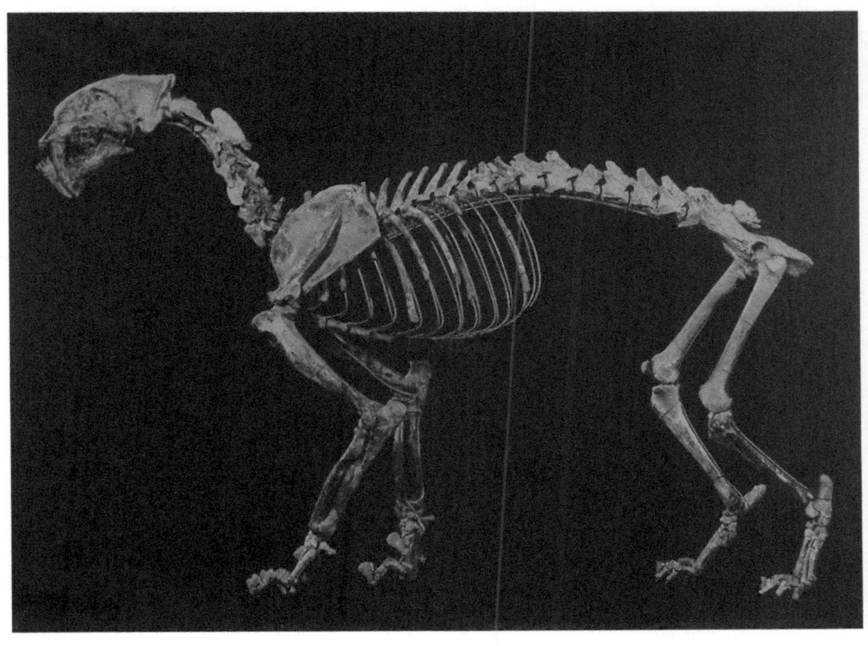

Skelett der Dolchzahnkatze
Megantereon cultridens
aus Senèze bei Brioude
(Departement Haute-Loire)
in der Auvergne (Frankreich).
Schulterhöhe des Skeletts
etwa 70 Zentimeter,
Kopfrumpflänge rund 1,20 Meter.
Der vor 1925 in Senèze
entdeckte Originalfund
(Inventarnummer „SE311 ")
wird im Naturhistorischen
Museum Basel aufbewahrt.

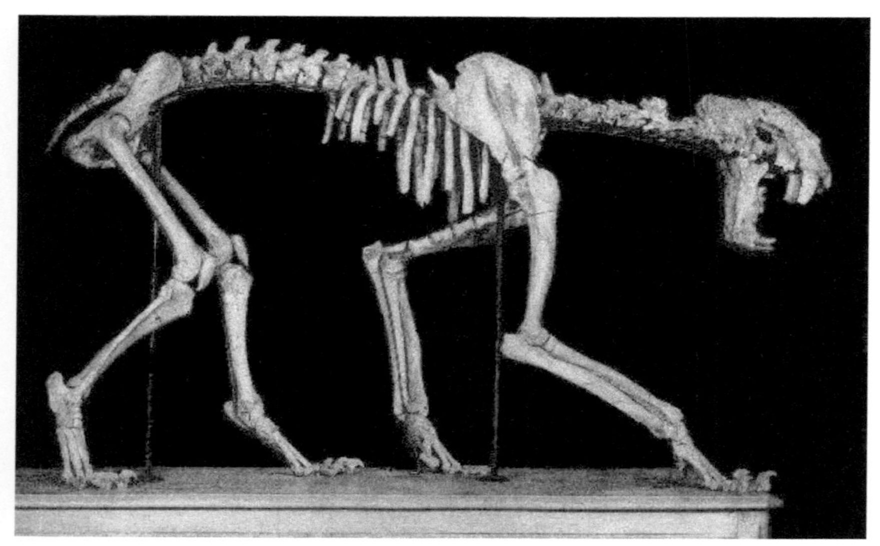

*Funde der Säbelzahnkatze Homotherium crenatidens
aus Senèze in der Universität Claude Bernard in Lyon:*

*Seite 38 oben:
Skelett aus Senèze in der Publikation „Monographie
d'un Machairodus du gisement Villafranchien de Senèze:
Homotherium crenatidens" (1963) von Roland Ballesio.
Dabei kommt das typische hyänenartige Aussehen von
Homotherium mit abfallendem Rücken nicht zum Ausdruck.*

*Seite 39 oben:
Langer und schmaler Schädel mit einigen Zähnen aus
Senèze. An den Eckzähnen sind die Spitzen abgebrochen.
Maßstab unten: zehn Zentimeter.*

*Seite 39 unten:
Robuster Unterkiefer mit Zähnen aus Senèze.
Er ist massiver als bei heutigen Großkatzen.*

38

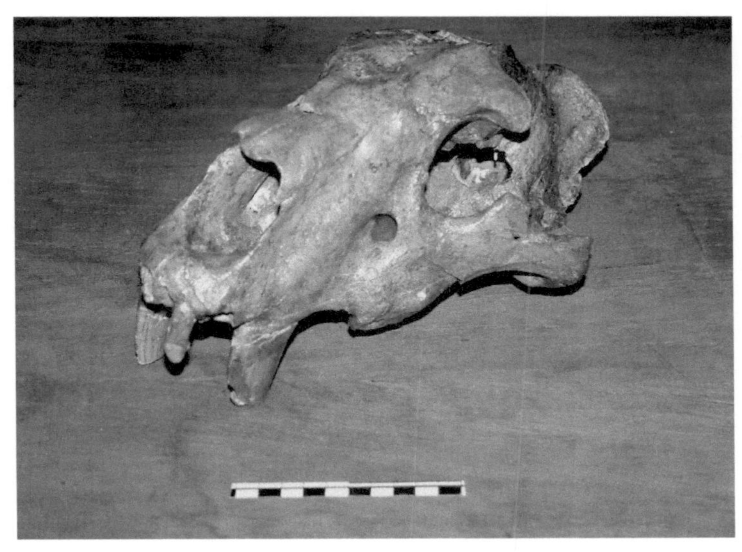

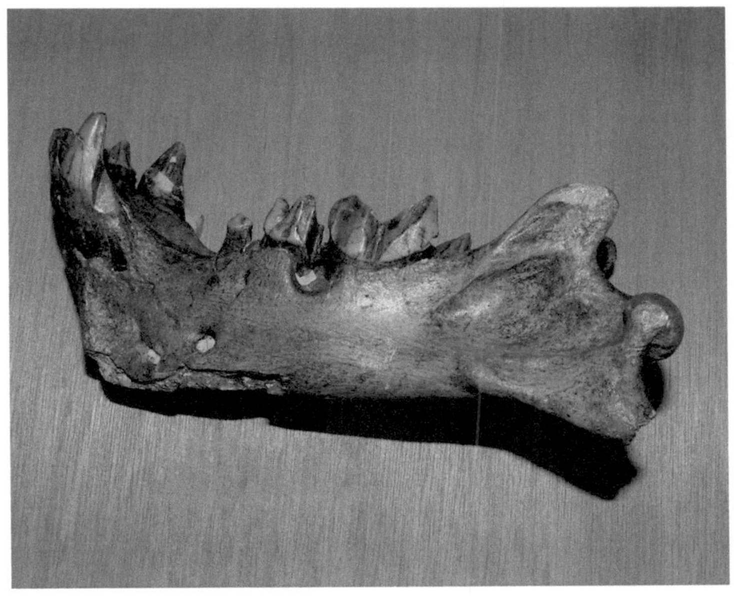

wie die eines Löwen, obwohl er bei weitem dessen Körpergröße nicht erreichte. Seine kürzeren Hinterbeine bewirkten eine abfallende Rückenlinie wie bei Hyänen.

Megantereon hatte löwengroße Pfoten und trug löwenähnliche Krallen an den Vorderbeinen. Damit konnte diese Raubkatze ihre Beutetiere packen und zu Boden reißen. Der Körperbau von *Megantereon* eignete sich nicht für schnelle Verfolgungsjagden, wie sie zum Beispiel heutige Geparden praktizieren. Zu den Beutetieren von *Megantereon* gehörten vermutlich Antilopen, Hirsche, Wildschweine und Auerochsen. Auf einer Abbildung in dem Buch „The big cats and their fossil relatives" von Alan Turner und Mauricio Antón wird *Megantereon* in lauernder Haltung beim Ansschleichen auf zwei Hirsche gezeigt. Im Sommer wartete diese Dolchzahnkatze vermutlich in bewaldeten Tälern unweit von Flüssen auf Beutetiere, die zur Tränke kamen.

Wenn *Megantereon* ein Beutetier angesprungen und einen tödlichen Biss angebracht hatte und sein Opfer sich nicht mehr regte, geschah immer dasselbe: Der erfolgreiche Jäger wandte sich von seinem Opfer ab und knurrte laut. Dies geschah aus Vorsicht vor einem potentiellen Konkurrenten, der ihm seine Beute streitig machen konnte.

Nahrungskonkurrenten von *Megantereon* waren die Säbelzahnkatze *Homotherium*, die anderthalb Mal so groß wie diese gewesen ist, die imposante gepardenartige Hyäne *Chasmaporthetes* (Schulterhöhe etwa 80 Zentimeter) und der stattliche Gepard *Acinonyx* (Schulterhöhe rund 90 Zentimeter). Die Raubkatzen *Megantereon, Homotherium* und *Acinonyx* kamen in Untermaßfeld bei Meiningen in Thüringen gleichzeitig vor.

Zum Beißen dienten die oberen Eckzähne von *Megantereon* wohl kaum, weil sie beim Aufprall auf Knochen leicht gebrochen wären. Die langen Eckzähne wurden im Ruhezustand durch besonders ausgeprägte, lappenartige Zahnscheiden am Unterkiefer geschützt.

*Der Gepard Acinonyx war ein Nahrungskonkurrent
der Dolchzahnkatze Megantereon*

Die größten Formen der Gattung *Megantereon* existierten in Indien und wogen schätzungsweise etwa 90 bis 150 Kilogramm. Das Durchschnittsgewicht lag wohl bei rund 120 Kilogramm. Als mittelgroß wird *Megantereon* aus dem übrigen Eurasien und dem Pliozän Europas bezeichnet. Die kleinsten Formen stammen aus Nordamerika, Afrika und dem unteren Pleistozän Europas. Ihr Gewicht wird auf etwa 60 bis 70 Kilogramm geschätzt, nach anderen Angaben auf ungefähr 100 bis 160 Kilogramm.

Auf Basis des *Megantereon*-Skelettfundes aus Senèze sind im Naturhistorischen Museum Wien (NHMW) 2001 zwei weltweit erste lebensechte Modelle dieser Dolchzahnkatze angefertigt worden. Sie entstanden auf Initiative von Generaldirektor Prof. Dr. Bernd Lötsch und Dr. Martin Lödl, Direktor der 2. Zoologischen Abteilung des NHMW. Die wissenschaftliche Leitung oblag Dr. Martin Lödl und Prof. Dr. Doris Nagel vom Institut für Paläontologie der Universität Wien.

Als Grundlage für die Dolchzahnkatzen-Modelle diente eine Leopardenform, die nach den Proportionen von *Megantereon* verändert wurde. Zum Beispiel musste der für *Megantereon* zu kleine Leopardenkopf durch einen größeren Jaguarkopf ersetzt werden. Außerdem wurden der Hals der Leopardenform verlängert, die Vorderbeine verstärkt und der Schwanz gekürzt.

Für die Gestalt dieser ca. 70 Zentimeter hohen und etwa 1,10 Meter langen Dolchzahnkatze mit rund 20 Zentimeter langem Schwanz dienten Zeichnungen von Mauricio Antòn aus dem Buch „The big cats and their fossil relatives" von Alan Turner und Mauricio Antón als Vorlage. Die Ausführung der Modelle lag in den Händen von Präparator Horst-Gustav Wiedenroth und seines Teams.

Der Rand des Maules, der Flansch zu beiden Seiten des Unterkiefers zum Schutz der oberen Eckzähne bei geschlossenem Maul und die Ohrspitzen wurden bei den Wiener *Me-*

*Lebensechtes Modell
der Säbelzahnkatze
Megantereon cultridens
auf Basis des Skelettfundes
aus Senèze (Frankreich)
im Naturhistorischen Museum Wien.
Das Modell
hat eine Schulterhöhe
von ca. 70 Zentimetern,
eine Länge
von etwa 1,10 Meter
sowie einen rund
20 Zentimeter
langen Schwanz.*

gantereon-Modellen in Schwarz gehalten. Die Zunge aus Siliconkautschuk ist vom Modell her eine leicht gekürzte Bärenzunge. Eine Löwenzunge beispielsweise wäre zu groß gewesen. Bei der Augenfarbe griff man auf orange-braune Tigeraugen zurück.

Obwohl bisher kein Fell einer Säbelzahnkatze oder Dolchzahnkatze entdeckt wurde, wählte man für die *Megantereon*-Modelle ein Fellmuster. Denn Katzen benötigen ein Fellmuster als Schutz für ihre Jungtiere und bei der Jagd. Bei der Färbung und dem Muster des Modellfelles musste man allerdings die Fantasie walten lassen.

Für die *Megantereon*-Rekonstruktionen im Naturhistorischen Museum Wien hat man das Fell eines maximal einjährigen männlichen Junglöwen verwendet. Dieses besaß kaum mehr das Fellmuster eines jungen Löwen, aber auch noch nicht die Kurzhaarigkeit eines erwachsenen Tieres. Als Fellmuster für *Megantereon* wählte man am Rücken mittelgroße verschwommene Punkte und an den Flanken vier teilweise durchbrochene Rosetten. Von der Schulter bzw. vom Becken abwärts zu den Pfoten wurden Striche übergehend in Punkte gewählt. Den Schwanz versah man mit vier Ringen und einer schwarzen Spitze.

Die weltweit ersten Modelle der Dolchzahnkatze *Megantereon* können in der Schausammlung des Naturhistorischen Museums Wien bewundert werden. Sie sind dort eine Attraktion und beliebte Motive für Fotografen.

Megantereon ist eine der Dolchzahnkatzen, die zur Freude von Philatelisten, Paläontologen, Fossiliensammlern und Tierfreunden bereits Briefmarken zierten. 2000 prangte *Megantereon whitei* auf Postwertzeichen von Gibraltar.

Ein Zeitgenosse von *Megantereon* war die vom Pliozän vor etwa fünf Millionen Jahren bis zum Eiszeitalter (Pleistozän) vor vielleicht einer Million Jahren existierende Gattung *Dinofelis* („Schreckenskatze"), die man früher lange den Säbelzahnkatzen zugerechnet hat. Heute ordnet man sie trotz ihrer verlängerten oberen Eckzähne nicht mehr zu den Säbelzahnkatzen im engeren Sinne.

Dinofelis kam in Europa (Frankreich), Afrika, Asien und Nordamerika vor. Aus Europa ist *Dinofelis diastemata* bekannt, aus Afrika *Dinofelis barlowi* und *Dinofelis piveteaui*, aus Asien *Dinofelis abeli* und aus Nordamerika *Dinofelis paleoonca*. Als beste Funde von *Dinofelis barlowi* gelten drei Skelette, die in einer Grube von Bolt's Farm bei Johannesburg in Südafrika zusammen mit Reste von Pavianen entdeckt wurden. Ein besonders gut erhaltener Schädel von *Dinofelis piveteaui* aus Kroomdraai in Südafrika wurde auf ein Alter von rund 1,5 Millionen Jahren datiert.

Barry Cox, Dougal Dixon, Brian Gardiner und R. J. G. Savage geben in ihrem Buch „Die große Enzyklopädie der prähistorischen Tierwelt. Dinosaurier und andere Tiere der Vorzeit" (1988) für *Dinofelis* eine Länge von 1,20 Meter an. Diese panthergroße Raubkatze trug abgeflachte Eckzähne, die aber merklich kürzer waren als bei Dolchzahnkatzen und Säbelzahnkatzen. Zum Beutespektrum von *Dinofelis* in Afrika gehörten vermutlich Paviane und möglicherweise auch Frühmenschen. Eine Zeichnung von Mauricio Antón in dem Buch „The big cats and their fossil relatives" zeigt *Dinofelis barlowi* beim Angriff auf einen bereits am Boden liegenden Pavian.

Funde von Säbelzahnkatzen und Dolchzahnkatzen aus aller Welt (Auswahl)

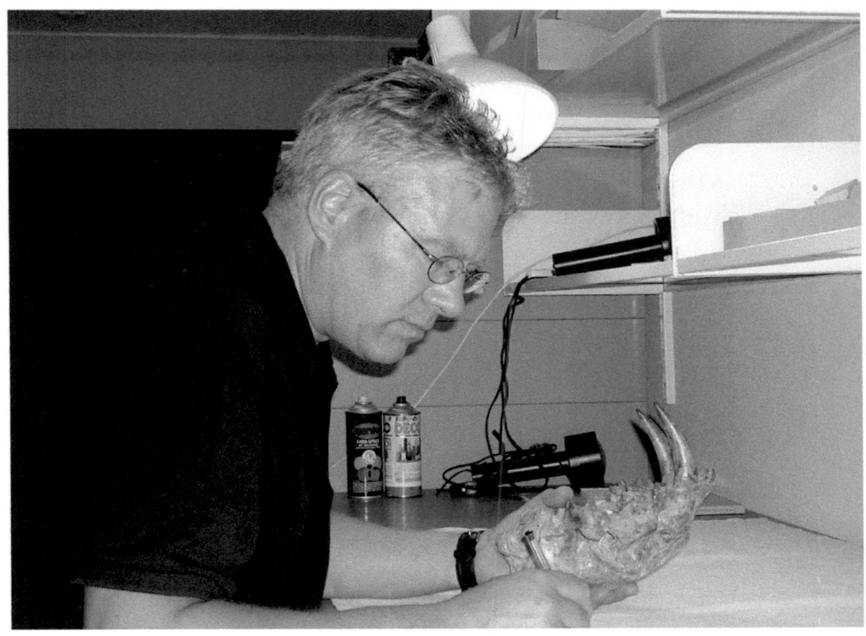

*Katzenspezialist Kees van Hooijdonk
aus Rucphen (Niederlande)
mit Kiefer von Megantereon aus Senèze*

A

Ägypten:
Wadi-el-Natrun: *Machairodus* cf. *aphanistus*

Argentinien:
Barranqueras: *Smilodon populator*
Lujan: *Smilodon populator*
Paso Otero-Verde: *Smilodon fatalis*

Äthiopien:
Middle Awash – Adu-Asa: *Machairodus* sp.

B

Bolivien:
Nuapua 1, Chuquisaca: *Smilodon populator*
Tarija: *Smilodon populator*

Brasilien:
Garrincho: *Smilodon populator*
Lagoa Santa (Minas Gerais): *Smilodon*
Mostardas: *Smilodon populator*
Toca da Boa Vista: *Smilodon populator*
Toca da Cima dos Pilao: *Smilodon populator*
Toca da Janela da Barro do Antoniao: *Smilodon populator*

Bulgarien:
Slivnitsa: *Homotherium crenatidens*

C

China:
Baode (Provinz Shansi): *Megantereon*
Choukutien bei Peking: *Megantereon*
Guanghe Formation (Provinz Gansu): *Machairodus giganteus*
Lufeng (Provinz Yunnan): *Machairodus fires*
Nantan, Hohsien, Upper Red Clays (Provinz Shansi): *Machairodus palanderi*
Nihowan (Provinz Shansi): *Megantereon nihowanensis*
Songshan, Tianzu (Provinz Gansu): *Machairodus* sp.
Tung Gur (Innere Mongolei): *Machairodus* sp.
Yushe (Provinz Shansi): *Megantereon*

D

Deutschland:
Dorn-Dürkheim in Rheinhessen (Rheinland-Pfalz):
Machairodus cf. *aphanistus, Paramachairodus ogygius
(nach anderer Schreibweise Paramachairodus ogygia),
Paramachairodus orientalis*
Eppelsheim in Rheinhessen (Rheinland-Pfalz):
Machairodus aphanistus, Paramachairodus ogygius
Esselborn in Rheinhessen (Rheinland-Pfalz):
Paramachairodus ogygius
Gau-Weinheim in Rheinhessen (Rheinland-Pfalz):
Machairodus sp.
Höwenegg bei Immendingen/Donau (Baden-Württemberg):
Machairodus aphanistus
Mauer bei Heidelberg (Baden-Württemberg): *Homotherium
crenatidens*
Melchingen, heute ein Stadtteil von Burladingen (Baden-
Württemberg): *Machairodus aphanistus*
Mosbach in Wiesbaden (Hessen): *Homotherium crenatidens*
Neuleiningen bei Grünstadt (Rheinland-Pfalz): *Homotherium
crenatidens*
Randersacker bei Würzburg (Bayern): *Homotherium* sp.
Steinheim an der Murr (Baden-Württemberg): *Homotherium
latidens*
Untermaßfeld bei Meiningen (Thüringen): *Homotherium
crenatidens, Megantereon cultridens adroveri (Megantereon
whitei)*
Voigtstedt im Harzvorland (Thüringen): *Homotherium
moravicum*
Weimar-Süßenborn: *Homotherium crenatidens*
Wissberg bei Gau-Weinheim in Rheinhessen (Rheinland-
Pfalz): *Paramachairodus ogygius*

E

England:
Dove Holes bei Buxton (Derbyshire): *Homotherium crenatidens*
Kent's Cavern (Torquai): *Homotherium latidens*
Kessingland (Suffolk): *Homotherium*
Nordsee vor Ostengland: *Homotherium crenatidens*
Pakefield (Suffolk): *Homotherium*
Robin Hood Cave in den Creswell Crags (Derbyshire): *Homotherium latidens*
Sidestrand (Norfolk): *Machairodus* sp.
Westbury-sub-Mendip (Somerset): *Homotherium crenatidens*
West Runton (Norfolk): *Homotherium*

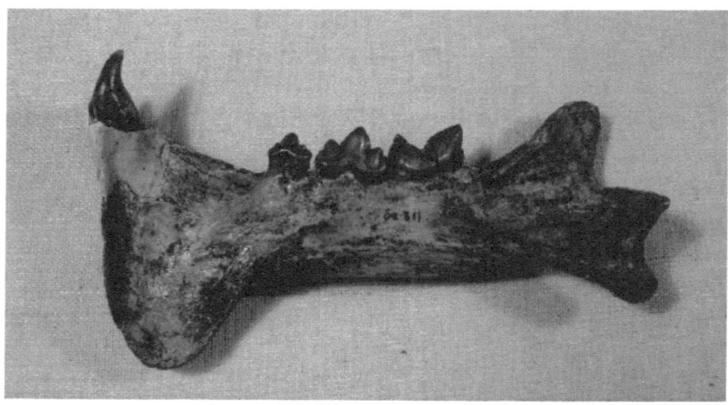

Unterkiefer der Dolchzahnkatze Megantereon cultridens aus Senèze in Frankreich.
Original im Naturhistorischen Museum Basel

F

Frankreich:
Abbeville, Flussterrasse der Somme, Pas de Calais, Region
Picardie (Somme): *Homotherium latidens*
Artenac bei Angoulême (Charente): *Homotherium latidens*
Blassac-la-Gironde in der Auvergne (Haute Loire):
Megantereon cultridens
Cajarc (Lot): *Homotherium* sp.
Chilhac im Zentralmassiv (Haute Loire): *Homotherium
crenatidens, Megantereon cultridens*
La Baume (Haute-Savoie): *Homotherium latidens*
La Roche-Lambert, Saint Paulien (Haute Loire):
Homotherium crenatidens
Le Coupet, Mazeyrat d'Allier (Haute Loire):
Homotherium crenatidens
Montmaurin (Haute-Garonne): *Homotherium latidens*
Montredon (Hérault): *Machairodus aphanistus*
Perrier-Etouaires in der Auvergne (Puy de Dôme):
Megantereon cultridens, Homotherium crenatidens
Perrier-Pardines in der Auvergne (Puy de Dôme):
Megantereon cultridens, Homotherium crenatidens
Perrier-Roccaneyra in der Auvergne (Puy de Dôme):
Homotherium
Saint Vallier (Dróme): *Megantereon cultridens,
Homotherim crenatidens*
Sainzelles, Polignac (Haute Loire): *Homotherium
crenatidens*
Senèze im Zentralmassiv (Haute Loire): *Homotherium
crenatidens, Megantereon cultridens*
Soblay (Ain): *Machairodus aphanistus*
Villeneuve-sur-Lot, Region Aquitaine (Lot-et-Garonne):
Homotherium latidens

G

Georgien:
Akhalkalaki: *Homotherium crenatidens*
Calka: *Homotherium* sp.
Dmanisi: *Homotherium crenatidens, Megantereon whitei*
Kvabebi bei Signakhi: *Homotherium*

Griechenland:
Appolonia 1 (Makedonien): *Megantereon whitei, Homotherium*
Halmyropotamos auf der Insel Euböa: *Machairodus aphanistus*
Kalamotó (Makedonien): *Homotherium crenatidens*
Livakos (Makedonien): *Homotherium* sp.
Makinia (Westgriechenland): *Megantereon cultridens*
Milia bei Grevena (Makedonien): *Homotherium*
Petralona auf der Halbinsel Chaldiki (Makedonien): *Homotherium, Megantereon*
Pikermi bei Athen: *Machairodus giganteus, Paramachairodus orientalis, Paramachairodus ogygius*
Saloniki (Makedonien): *Machairodus aphanistus*
Samos (Insel vor der kleinasiatischen Küste): *Machairodus giganteus*
Sésklon (Thessalien): *Homotherium crenatidens*
Vatera auf der Insel Lesbos: *Homotherium crenatidens*
Thermopigi: *Paramachairodus* sp., *Machairodus* sp.
Tourkovounia bei Athen: *Homotherium* cf. *crenatidens*
Vathylakkos (Thessalien): *Machairodus giganteus*
Volax (Makedonien): *Megantereon cultridens*

I

Irak:
Injana, Lower Bakhtiari Formation: *Machairodus* sp.

Iran:
Maragha: *Paramachairodus orientalis*

Israel:
Ubeidiya Formation: *Megantereon* cf. *whitei*

Italien:
Casa Frata, Arezzo, Arnotal (Region Toskana):
Homotherium crenatidens
Collepardo in der Provinz Prosinone (Region Latium):
Megantereon cultridens
Costa San Giacomo (Region Latium): *Homotherium*
Farneta (Region Toskana): *Megantereon cultridens*
Manfredonia auf der Halbinsel Gargano: *Homotherium crenatidens*
Monte Argentario (Region Toskana): *Megantereon whitei, Homotherium crenatidens*
Monte Riccio (Region Latium): *Megantereon cultridens*
Montopoli (Region Toskana): *Megantereon cultridens*
Olivola, Val di Magram (Region Toskana): *Megantereon cultridens, Homotherium crenatidens*
Pirro Nord (Region Apulien): *Megantereon whitei*
Selva Vecchia, Sant'Ambrogio di Valpolicella, Verona (Region Venetien): *Homotherium crenatidens, Homotherium latidens*
Scivolone, Brecce di Soave, Verona bzw. Breccia di Valpolicella (Region Venetien): *Homotherium latidens*
Slivia, Provinz Triest (Region Friaul-Julisch Venetien): *Homotherium crenatidens*
Tasso (Region Toskana): *Megantereon cultridens*
Triversa (Region Toskana): *Homotherium crenatidens*
Val d'Arno bzw. Arnotal (Region Toskana): *Homotherium crenatidens*
Verona (Region Venetien): *Homotherium moravicum*

K

Kanada:
Dawson, Yukon: *Homotherium* sp.
Old Crow, Yukon: *Homotherium* serum

Kasachstan:
Dzhenama River: *Machairodus* aff. *irtyschensis*
Kalmakpai: *Machairodus kurteni*
Selim-Dzehevar: *Machairodus aphanistus taracliensis*,
Machairodus ischimicus

Kenia:
Lothagam: *Lokotunjailurus emageritus*
West Turkana: *Homotherium problematicus*

Kirgisien:
Serafimovka: *Machairodus* sp.

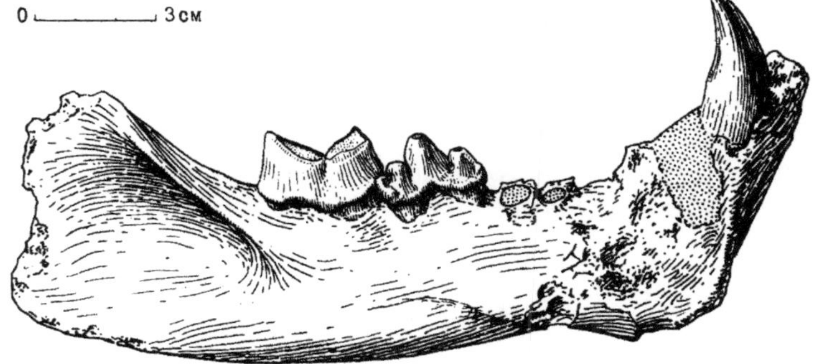

Unterkiefer der Säbelzahnkatze
Machairodus kurteni aus dem Obermiozän
von Kalmakpai in Kasachstan

M

Mazedonien:
Veles: *Paramachairodus orientalis*

Mexiko:
Arroyo Tepalcates: *Machairodus* cf. *coloradensis*
Cedazo (Arroyo Cedazo, Arroyo San Francisco): *Smilodon fatalis*
Chapala: *Smilodon fatalis*
El Golfo: *Homotherium* sp.
Las Golondrinas: *Machairodus* sp.
La Rinconada: *Machairodus* sp.
Las Tunas bzw. Las Tunas Wash: *Machairodus* sp.
Rancho Viejo bzw. Arrastracabllos: *Machairodus* sp.
Yepomera: *Machairodus coloradensis*

Moldawien:
Chimishliya: *Machairodus aphanistus, Machairodus schlosseri, Machairodus parvulus*
Cioburciu: *Machairodus aphanistus*
Gura Galbena: *Machairodus* sp.
Kalfa: *Machairodus laskarevi*
Sagaidak: *Machairodus* sp.
Taraklia: *Paramachairodus orientalis, Machairodus aphanistus taracliensis, Machairodus schlosseri*

N

Niederlande:
Nordsee (Het Gat südwestlich der Braunen Bank):
Homotherium latidens
Nordsee (Onrust nördlich von Walcheren): *Homotherium crenatidens*
Nordsee (Roompot): *Homotherium crenatidens*
Oosterschelde (Flauwerspolder): *Homotherium crenatidens*

*Rekonstruktion der Säbelzahnkatze Homotherium latidens
des niederländischen Bildhauers Remie Bakker
aus Rotterdam*

O

Österreich:
Deutsch-Altenburg 1 (Niederösterreich): *Homotherium sainzelli* (heute: *Homotherium crenatidens)*
Hundsheim bei Deutsch-Altenburg (Niederösterreich): *Homotherium moravicum*
Zillingdorf (Niederösterreich): *Machairodus aphanistus*

R

Rumänien:
Betfia: *Megantereon* sp.
Bugiuliesti: *Megantereon whitei*
Graunceanului: *Megantereon cultridens, Homotherium crenatidens*
Tetoiu: *Megantereon cultridens, Homotherium crenatidens*

Russland:
Khopry: *Homotherium*
Pavlodar am rechten Ufer des Irtysch: *Machairodus irtyschensis*
Rostov am Don: *Homotherium*
Semibalki: *Homotherium*
Udunga (Sibirien): *Homotherium crenatidens*

S

Schweiz:
Charmoille (Kanton Jura): *Machairodus aphanistus*

Slowakei:
Hainacka: *Megantereon* sp.
Vceláre 2: *Homotherium crenatidens*

Spanien:
Atapuerca, Fundstelle Gran Dolina (Provinz Burgos,
Region Kastilien-Léon): *Homotherium*
Can Llobateres bei Sabadell (Provinz Teruel, Region
Aragonien): *Machairodus aphanistus*
Can Ponsich, Valles Penedes (Provinz Teruel, Region
Aragonien): *Machairodus aphanistus*
Cerro Batallones (Fundstelle Batallones 1) bei Torrejón de
Valasco südlich von Madrid: *Machairodus aphanistus,
Paramachairodus ogygius*
Concud (Provinz Teruel, Region Aragonien):
Paramachairodus orientalis
Creviellente 2 (Provinz Alicante, Region Valencia):
Paramachairodus ogygius
Cueva Victoria (Region Murcia): *Megantereon* sp.,
Homotherium sp.
Fonelas (Provinz Granada, Region Andalusien):
Megantereon cultridens, Homotherium
Fuentidueña (Provinz Segovia, Zentralspanien):
Machairodus aphanistus
Fuente Nueva, Orce (Provinz Granada, Region
Andalusien): *Megantereon whitei*
Incarcàl, Cal Taco, bei Crespia (Provinz Girona):
Homotherium crenatidens

La Puebla de Valverde (Provinz Teruel, Region Aragonien):
Megantereon cultridens, Homotherium crenatidens
La Tarumba (Region Katalonien): *Paramachairodus
ogygius*
Los Mansuetos (Provinz Teruel, Region Aragonien):
Machairodus giganteus
Mestas de Con, Cangas de Onis (Region Austurien):
Homotherium crenatidens
Puento Minero (Provinz Teruel, Region Aragonien):
Paramachairodus orientalis, Paramachairodus ogygius
Santiga (Region Katalonien): *Machairodus aphanistus*
Terrassa (Provinz Barcelona, Region Katalonien):
Paramachairodus orientalis
Venta del Moro (Provinz Valencia): *Paramachairodus
maximiliani, Machairodus* indet.
Venta Micena (Provinz Granada, Region Andalusien):
Meganteron whitei, Homotherium crenatidens
Villarroya (Provinz La Rioja, früher Provinz Logrono):
Megantereon cultridens, Homotherium crenatidens

Südafrika:
Langebaanweg: *Machairodus* sp.
Makapansgat: *Machairodus darti, Megantereon gracilis,
Homotherium problematicus*
Schurveberg: *Megantereon whitei*
Sterkfontein: *Megantereon gracilis*

T

Tadschikistan:
Daraispon: *Machairodus giganteus*
Kopaly: *Homotherium* sp.
Kuruksai-Navrukho: *Homotherium crenatidens,
Megantereon cultridenis*
Lakhuti 2: *Homotherium* sp.

Tansania:
Manonga: cf. *Machairodus* sp.

Tschad:
Toros-Menalla: *Machairodus kabir*

Tschechien:
Chlum I (Böhmischer Karst): *Homotherium moravicum*
Chlum IV (Böhmischer Karst): *Homotherium moravicum*
Stránsá skálá bei Slatina unweit von Brno (Woldrich-Höhle): *Homotherium moravicum*
Zlaty kun Höhle C 718 (Böhmischer Karst): *Homotherium moravicum*

Tunesien:
Bled Douarah: *Machairodus robinsoni*

Türkei:
Cal: *Machairodus aphanistus*
Calta: *Machairodus giganteus*
Denizi: *Machairodus aphanistus*
Esme Akcaköy: *Miomachairodus pseudailuroides*
Kemiklitepe: *Machairodus giganteus*
Kücükçekmece: *Paramachairodus orientalis*
Küçükyozgat: *Machairodus romeri*
Kurtchuk-Tchekmedje: *Machairodus aphanistus*
Mahmutgazi: *Machairodus aphanistus*
Sinap Moyen: *Megantereon pivetaui* n. sp.
Sinap Superieur: *Megantereon hoffstetteri* n. sp.
Yeni Eskihisar: *Miomachairodus pseudailuroides*

U

Ukraine:
Grebeniki: *Machairodus copei*
Liventsovka: *Homotherium crenatidens*
Novo-Yelizavetovka: *Machairodus schlosseri*
Odessa: *Homotherium*
Zheltokamenka: *Machairodus* sp.

Ungarn:
Csákvár: *Paramachairodus orientalis*
Kislang: *Homotherium crenatidens*
Polgárdi: *Paramachairodus orientalis*
Úrkút: *Megantereon whitei*

USA:
American Falls Reservoir (Idaho): *Homotherium serum,
Smilodon fatalis*
Anderson Gravel Pit (Kansas): *Homotherium serum*
Aphelops Draw Quarries (Nebraska): *Machairodus
coloradensis*
Axtel (Texas): *Machairodus* sp.
Baggett (Texas): *Homotherium* sp.
Bass Point Waterway 1 (Florida): *Smilodon gracilis*
Boardman (Oregon): *Machairodus* sp.
Box (Texas): *Machairodus sp.*
Bridwell Formation (Texas): *Machairodus* cf. *coloradensis*
Camel Canyon (Arizona): *Machairodus* sp.
Campbell Hills bzw. Twentynine Palms Gravel Pit
(Kalifornien): *Smilodon fatalis*
Camp Cady bzw. Lake Manix (Kalifornien): *Homotherium
serum*
Canton Lake (Oklahoma): *Smilodon fatalis*

Cave ACb-3 (Alabama): *Smilodon fatalis*
Cita Canyon (Texas): *Homotherium crenatidens*
Coffee Ranch bzw. Miami Quarry (Texas): *Machairodus* cf. *coloradensis*
Conard Fissure (Arkansas): *Smilodon fatalis*
Crystal River Power Plant (Florida): *Smilodon gracilis*
Cumberland Cave (Maryland): *Smilodon fatalis*
Delmont (South Dakota): *Homotherium crenatidens*
Devil's Nest Airstrip (Nebraska): *Machairodus* sp.
Duck Point (Idaho): *Homotherium serum*
Edisto Beach (South Carolina): *Smilodon fatalis*
Edson (Kansas): *Machairodus* cf. *catacopis*
El Jobean Pit (Florida): *Smilodon gracilis*
Fairbanks (Arkansas): *Homotherium* sp.
Fairmead Landfill (Kalifornien): *Smilodon fatalis*
Forsberg Shell Pit (Florida): *Smilodon gracilis*
Fossil Lake (Oregon): *Homotherium serum*
Friesenhahn Cave bzw. Friesenhahn-Höhle bei San Antonio (Texas): *Homotherium serum*
Gassaway Fissure (Tennessee): *Homotherium serum*
Gilliland (Texas): *Homotherium serum*
Golgotha Watermill Pothole Quarry bzw. Golgotha Hill (Nevada): *Machairodus* sp.
Gray Fossil Site (Tennessee): cf. *Machairodus* sp.
Greenwood Canyon Quarry bzw. Dalton Quarry (Nebraska): *Machairodus* sp.
Hagerman (Idaho): *Megantereon hesperus*
Haile lime-stone mines, Alachua County (Florida): *Xenosmilus hodsonae*
Hanover Quarry (Pennsylvania): *Smilodon gracilis*
Harrodsburg Crevice (Indiana): *Smilodon fatalis*
Hay Springs Fossil Quarry (Nebraska): *Smilodon fatalis*
Inglis (Florida): *Homotherium* sp. *oder Smilodon gracilis*
Irvington (Kalifornien): *Homotherium serum*
Kendrick (Florida): *Smilodon fatalis*

Lake Manix (Kalifornien): *Homotherium* sp.
Laubach Cave (Texas): *Homotherium serum*
Leisey Shell Pit (Florida): *Smilodon gracilis*
Madison County (Nebraska): *Homotherium serum*
Massacre Rocks (Idaho): *Smilodon fatalis*
McKay Reservoir (Oregon): *Machairodus* sp.
McLeod Limerock Mine (Florida): *Smilodon gracilis*
Merrell (Montana): *Homotherium serum*
Nashville, The First American Bank Site (Tennessee): *Smilodon fatalis*
Optima bzw. Guymon (Oklahoma): *Machairodus catacopis*
Owyhee River (Oregon): *Homotherium* sp.
Pauba Formation (Kalifornien): *Smilodon fatalis*
Pinole Junction (Kalifornien): *Machairodus* sp.
Port Kennedy Cave (Pennsylvania): *Smilodon gracilis*
Quinlan (Oklahoma): *Homotherium* sp.
Rancho La Brea in Los Angeles: *Homotherium serum, Smilodon fatalis*
Reddick (Florida): *Homotherium serum*
Redington (Arizona): *Machairodus* sp.
Rhino Hill Quarry (Kansas): *Machairodus coloradensis*
Rick Irwin Site bzw. Wyman Creek (Nebraska): *Machairodus* sp.
Sabertooth Cave bzw. Lecanto Cave (Florida): *Smilodon fatalis*
Sandahl (Kalifornien): *Homotherium serum*
Sand Draw Quarry (Nebraska): *Homotherium crenatidens*
San Pedro Lumber Yard (Kalifornien): *Smilodon fatalis*
Santa Fee River (Florida): *Smilodon gracilis*
Schuykill-River (Pennsylvania): *Smilodon gracilis*
Silver Creek Junction (Utah): *Smilodon fatalis*
Slaton Quarry (Texas): *Homotherium serum*
Smiths Valley (Nevada): *Machairodus* sp.
Uptegrove (Nebraska): *Machairodus coloradensis*
Vallecito Creek (Kalifornien): *Smilodon gracilis*

Warren (Kalifornien): *Machairodus* cf. *coloradensis*
Western (Oklahoma): *Homotherim serum*
Wikieup Bird Bone Quarry (Arizona): *Machairodus coloradensis*
Withlacoochee River Site (Florida): *Machairodus* sp.
Wray bzw. Beecher Island (Colorado): *Machairodus coloradensis*

V

Venezuela:
El Breal de Orocual (Monagas): *Homotherium*
Mene de Inciarte Tar Seep (Fundstelle 185, Fundstelle 198): *Smilodon populator*
Zumbador Cave (Cueva del Zumbador): *Smilodon populator*

Schädel eines Jungtieres (oben) und Unterkiefer eines erwachsenen Tieres (unten) der Säbelzahnkatze Homotherium crenatidens aus der Spaltenfüllung 11 im Kalksteinbruch bei Neuleiningen nahe Grünstadt in Rheinland-Pfalz. Originale im Pfalzmuseum für Naturkunde Bad Dürkheim, und in der Sammlung von Ulrich H. J. Heidtke, Niederkirchen (Pfalz)

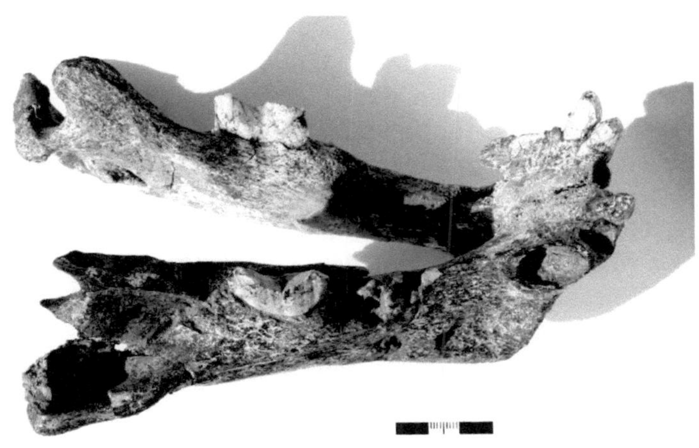

Säbelzahnkatzen und Dolchzahnkatzen in Museen

Museen in aller Welt bewahren in ihren Sammlungen oder Ausstellungen Skelette, Knochen, Zähne oder Modelle von Säbelzahnkatzen auf. Nachfolgend eine kleine Auswahl:

Argentinien
Das Bernardino Ribadavia-Museum in Buenos Aires zeigt ein komplettes Skelett der Dolchzahnkatze *Smilodon populator* aus dem späten Eiszeitalter.

Deutschland:
Das Hessische Landesmuseum Darmstadt besitzt Reste der Säbelzahnkatze *Machairodus aphanistus* und der Dolchzahnkatze *Paramachairodus ogygius* aus ca. zehn Millionen Jahre alten Ablagerungen des Ur-Rheins (Dinotheriensande) bei Eppelsheim in Rheinhessen.
Das Naturhistorische Museum Mainz bewahrt in seiner Sammlung drei Fossilien der Säbelzahnkatze *Homotherium crenatidens* aus den rund 600.000 Jahre alten Mosbach-Sanden von Wiesbaden auf.
Das Pfalzmuseum für Naturkunde in Bad Dürkheim zeigt den Schädel einer jugendlichen Säbelzahnkatze der Art *Homotherium crenatidens* aus der Spaltenfüllung Neuleiningen 11 bei Grünstadt aus dem Eiszeitalter vor etwa 500.000 Jahren.
Das Museum für Naturkunde Karlsruhe bewahrt Fossilien der Säbelzahnkatze *Homotherium crenatidens* aus Mauer bei Heidelberg auf.
Das Staatliche Museum für Naturkunde Stuttgart besitzt Fossilien der Säbelzahnkatze *Homotherium crenatidens* aus Mauer bei Heidelberg.

Die Forschungsstation für Quartärpaläontologie Weimar der Senckenbergischen Naturforschenden Gesellschaft bewahrt Fossilien von Säbelzahnkatzen *(Homotherium crenatidens)* und Dolchzahnkatzen *(Megantereon cultridens adroveri)* aus Untermaßfeld bei Meiningen auf. Sie stammen aus dem Eiszeitalter vor etwa einer Million Jahren.

England
Das Natural History Museum in London bewahrt Skelette verschiedener Raubkatzen auf.

Finnland
Das Zoological Museum in Helsinki zeigt ein Modell der Säbelzahnkatze *Homotherium* aus dem Eiszeitalter.

Frankreich
Das Departement of Earth Sciences der Université Claude Bernard in Lyon zeigt ein Skelett der Säbelzahnkatze *Homotherium* aus Senèze bei Brioude (Departement Haute-Loire) in Frankreich.
Das Museum of Natural History in Paris zeigt Schädelreste der Säbelzahnkatze *Homotherium crenatidens* aus Perrier und der Dolchzahnkatze *Megantereon cultridens* aus Perrier sowie ein Skelett der Dolchzahnkatze *Smilodon* aus Amerika.
Das „Musée de Paléontologie Christian Guth" von Chilhac in der Auvergne (Departement Haute-Loire) zeigt zwei Eckzähne der Dolchzahnkatze *Megantereon cultridens* aus Chilhac.

Irland
Das National Museum of Ireland in Dublin bewahrt den 1886 in Kessingland (Suffolk) entdeckten Unterkiefer einer Säbelzahnkatze auf, der als erster Fund der Gattung *Homotherium* aus England gilt. Dieses Fossil wurde im Dezember 1907 bei einer Auktion in London ersteigert.

Italien

Das Museum im Department of Earth Sciences der Universität von Florenz zeigt Fossilien von Raubkatzen aus dem Eiszeitalter.

Niederlande

Im Naturhistorischen Museum „Naturalis" in Leiden wird ein fragmentarisch erhaltenes Fersenbein der Säbelzahnkatze *Homotherium* aus der Oosterschelde (Flauwerspolder) aufbewahrt. Dieses Fossil wurde 1971 von einem niederländischen Muschelkutter geborgen.
Das Naturhistorische Museum Rotterdam präsentiert einen etwa 28.000 Jahre alten Unterkieferast der Säbelzahnkatze *Homotherium latidens* aus der Nordsee. Dabei handelt es sich um den geologisch jüngsten Fund einer Säbelzahnkatze in Europa. Dieses Fossil wurde im März 2000 entdeckt und ist ein Geschenk des Fossiliensammlers Klaas Post aus Urk.

Österreich

Das Naturhistorische Museum Wien zeigt die weltweit ersten Modelle der Dolchzahnkatze *Megantereon cultridens* aus Senèze in Frankreich.

Schweiz

Das Naturhistorische Museum Basel zeigt ein Skelett der Dolchzahnkatze *Megantereon cultridens* aus Senèze bei Brioude (Departement Haute-Loire) in Frankreich.

Spanien

Das Archaeological Museum in Banyoles bewahrt Schädel der Säbelzahnkatze *Homotherium* aus dem Eiszeitalter auf.
Das Museum of Natural Sciences in Madrid besitzt Skelette der Säbelzahnkatze *Machairodus* und der Dolchzahnkatze *Paramachairodus* aus dem Obermiozän.

Südafrika

Das South Africa Museum in Kapstadt bewahrt Fossilien von *Dinofelis* von Langebaanweg in Südafrika auf.

Das Transvaal Museum in Pretoria besitzt Schädel der „schrecklichen Katzen" *Dinofelis piveteaui* und *Dinofelis barlowi.*

USA

Das American Museum of Natural History in New York besitzt Skelette der Dolchzahnkatzen *Smilodon populator* und *Smilodon fatalis* sowie der Scheinsäbelzahnkatze *Hoplophoneus mentalis.*

Das National Museum of Natural History in Washington bewahrt Skelette der Scheinsäbelzahnkatze *Hoplophoneus* und der Dolchzahnkatze *Smilodon fatalis* auf.

Das George C. Page Museum in Los Angeles präsentiert Skelette der Dolchzahnkatze *Smilodon fatalis* von der Fundstelle Rancho La Brea aus dem Stadtgebiet von Los Angeles (Kalifornien).

Das Los Angeles Museum zeigt Skelette der Scheinsäbelzahnkatzen *Nimravus* und *Hoplophoneus.*

Das Texas Memorial Museum besitzt ein Skelett der Säbelzahnkatze *Homotherium serum* aus der Friesenhahn-Höhle bei San Antonio in Texas.

Wiesbadener Wissenschaftsautor
Ernst Probst

Der Autor

Ernst Probst, geboren am 20. Januar 1946 in Neunburg vorm Wald im bayerischen Regierungsbezirk Oberpfalz, ist Journalist und Buchautor. Er arbeitete von 1968 bis 1971 als Volontär und Redakteur bei den „Nürnberger Nachrichten", von 1971 bis 1973 in der Zentralredaktion des „Ring Nordbayerischer Tageszeitungen" in Bayreuth und von 1973 bis 2001 bei der „Allgemeinen Zeitung", Mainz. Von 2001 bis 2006 war er zunächst als Buchverleger und später auch als Fossilien- und Antiquitätenhändler aktiv.

In seiner Freizeit schrieb Ernst Probst vor allem populärwissenschaftliche Artikel für die „Frankfurter Allgemeine Zeitung", „Süddeutsche Zeitung", „Die Welt", „Frankfurter Rundschau", „Neue Zürcher Zeitung", „Tages-Anzeiger", Zürich, „Salzburger Nachrichten", „Oberösterreichische Nachrichten", Linz, „Die Zeit", „Rheinischer Merkur", „Deutsches Allgemeines Sonntagsblatt", „bild der wissenschaft", „kosmos", „Deutsche Presse-Agentur" (dpa), „Associated Press" (AP) und den „Deutschen Forschungsdienst" (df).

Aus der Feder von Ernst Probst stammen zahlreiche Beiträge der Buchreihe „Geschichten, die die Forschung schreibt" sowie die Bücher „Deutschland in der Urzeit" (1986), „Deutschland in der Steinzeit" (1991), „Rekorde der Urzeit" (1992), „Dinosaurier in Deutschland" (1993 zusammen mit Raymund Windolf) und „Deutschland in der Bronzezeit" (1996). Von 1986 bis 2011 veröffentlichte er insgesamt mehr als 100 Bücher, Taschenbücher, Broschüren und E-Books. Darunter befinden sich etliche Titel über Raubkatzen wie „Säbelzahnkatzen", „Säbelzahntiger am Ur-Rhein", „Der Mosbacher Löwe", „Höhlenlöwen" und „Der Höhlenlöwe",

Literatur

ABEL, Othenio: Die vorzeitlichen Säugetiere, Jena 1914

ABEL, Othenio: Lebensbilder aus der Tierwelt der Vorzeit, Jena 1921

ANTÓN, Mauricio / MORALES, M. Jorge / TURNER, Alan: First known complete skulls of the scimitar-toothed cat *Machairodus aphanistus* (Felidae, Carnivora) from the Spanish Late Miocene site of Batallones 1. Journal of Vertebrate Paleontology, Vol. 24, Nr. 4, S. 957–969, Deerfield 2004

BACKHOUSE, James: On a mandible of *Machaerodus* from the Forest-bed. Quarterly Journal of the Geological Society, 42, S. 309–312, London 1886

BALLESIO, Roland: Monographie d'un *Machairodus* du gisement Villafranchien de Senèze: *Homotherium crenatidens* Fabrini. Traveaux du Laboratoire de Géologie de la Facultè de Lyon, N.S., no. 9, S. 1–129, Lyon 1963

BEAUMONT, Gerard de: Recherches sur les félidés (Mammifères, Carnivores) du pliocène inférieur des sables à Dinotherium des environs d'Eppelsheim (Rheinhessen). Archives des Sciences, 28 (3), S. 369–405, Genéve 1975

BEAUMONT, Gerard de: Note sur deux nouvelles dents de vore du Vallèsien des Sables à Dinotherium de Rheinhessen. Archives des Sciences, 40 (2), S. 225–229, Genéve 1987

BERTA, Annalisa / GALIANO, Henry: *Megantereon hesperus* from the late Hemphilian of Florida with remarks on the phylogenetic relationships of machairodonts (Mammalia, Felidae, Machairodontinae). Journal of Paleontology 57 (5), S. 892–899, Norman 1983

BOVARD, John Freeman: Notes on Quaternary Felidae from California. University of California Publication Bulletin of Department oft Geology 5, S. 155–170, Berkeley 1907

BRITTIJN, Bas: Scimitars of Ancient Greece. Museum Naturalis Leiden, S. 1–51, Leiden 2007

BRÜNING, Herbert: Die eiszeitliche Tierwelt im Rhein-Main-Gebiet, Mosbacher Sande. Museumsführer Nr. 4, Naturhistorisches Museum Mainz, 1972

BRÜNING, Herbert: Die eiszeitliche Tierwelt von Mosbach. Ihre Umwelt – ihre Zeit. Museumsführer Nr. 6, Rheinische Naturforschende Gesellschaft zu Mainz in Verbindung mit dem Naturhistorischen Museum Mainz, 1980

CHRISTIANSEN, Per / ADOLFSSEN, Jan S.: Osteology and ecology of *Megantereon cultridens* SE311 (Mammalia; Felidae; Machairodontinae), a sabrecat from the Late Pliocene – Early Pleiostocene oft Senèze, France. Zoological Journal of the Linnean Society, 151, S. 833–884, London 2007

COPE, Edward Drinker: On the extinct cats of America. Americn Naturalist 14, S. 833–858, Chicago 1880

COX, Barry / DIXON, Dougal / GARDINER, Brian / SAVAGE, R. J. G.: Dinosaurier und andere Tiere der Vorzeit, München 1989

CROIZET, L'Abbe Jean-Baptiste / JOBERT, Antoine: Recherches sur les ossemens fossiles du département du Puy-de-Dome, Paris 1928

CROOK, Harold J.: A Pliocene fauna from Yuma County, Colorado, with notes on the closely related Snake Creek beds from Nebraska. Proceedings of the Colorado Museum of Natural History, V. 4, No. 2, S. 3–30, Denver 1922

DAWKINS, William Boyd / SANFORD, William Ayshford: The British Pleistocene Mammalia: Part I–IV (Felidae). Palaeontographical Society, S. 1–194, London 1864–1871

DÖPPES, Doris / RABEDER, Gernot: Pliozäne und pleistozäne Faunen Österreichs. Ein Katalog der wichtigsten Fundstellen und ihrer Faunen (Endbericht des Forschungsberichtes Nr. 9320 des „Fonds zur Förderung der wissenschaftlichen Forschung") mit Beiträgen von Petra Cech, Doris Döppes, Thomas Einwögerer, Florian A. Fladerer, Christa Frank, Karl Mais, Doris Nagel, Marion Niederhuber, Martina Pacher, Rudolf Pavuza, Gernot Rabeder, Christian Reisinger, Harald Temmel, Gerhard Withalm. Mitteilungen der Kommission für Quartärforschung der Österreichischen Akademie der Wissenschaften, Band 10, Wien 1997

FABRINI, Emilio: 1. *Machairodus (Megantereon)* del Val d'Arno superiore. Estratto del Bolletino del R. Comitato Geolologico (3) 1, S. 121–144, 161–177, Rom 1890

FICCARELLI, Giovanni: The Villafranchian Machairodonts of Tuscany. Paleontographica Italica, vol. 71, S. 17–26, Pisa 1979

FRANZEN, Jens Lorenz / ROOS, Heiner / PROBST, Ernst: Das Dinotherium-Museum in Rheinhessen, Eppelsheim 2009

HARINGTON, Charles Richard: American scimitar cat. Beringia Research Notes 7, S. 1–4, Whitehorse 1996

HEIDTKE, Ulrich: Eine Großsäuger-Fauna aus dem älteren Pleistozän der Pfalz (Spaltenfüllung Neuleiningen 11). Mitteilungen der Pollichia, 67, S. 135–141, Bad Dürkheim 1979 Heft 7, S. 1–23, Erlangen 1953

HEIZMANN, Elmar P. / GINSBURG, Léonard / BULOT, Christian: *Prosansanosmilus peregrinus,* ein neuer Machairodontider Felide aus dem Miocän Deutschlands und Frankreichs. Stuttgarter Beiträge zur Naturkunde, Serie B, Nr. 58, 27, Stuttgart 1980

HEMMER, Helmut: Die Feliden aus dem Epivillafranchium von Untermaßfeld. Aus: KAHLKE, Ralf-Dietrich (Hrsg.): Das Pleistozän von Untermaßfeld bei Meiningen (Thüringen). Teil 3. Monographien des Römisch-Germanischen Zentralmuseums, 40/3, S. 699–782, Mainz 2001

HEMMER, Helmut: Pleistozäne Katzen Europas – eine Übersicht. Cranium, 20 (2), S. 6–22, Amsterdam 2004

HENDEY, Quinley Brett: The late Cenozoic Carnivora of the south-western Cape Province. Annals of the South African Museum, 63, S. 1-369, London 1974

HOOIJER, Dirk A.: The Sabre-toothed cat *Homotherium*

found in the Nederlands. Lutra, 4, S. 24–26, Leiden 1962

JEFFERSON, George T. / TEJADA-FLORES, Antonia E.: The Late Pleistocene Record of *Homotherium* (Felidae: Machairodontinae) in the Southwestern United States. PaleoBios, Volum1 15, Number 3, S. 37–46, Berkeley, 24. Mai 1993

KAHLKE, Ralf-Dietrich (Hrsg.): Das Pleistozän von Untermaßfeld bei Meiningen (Thüringen). Teil 1. Monographien des Römisch-Germanischen Zentralmuseums, Mainz 1997

KAHLKE, Ralf-Dietrich (Hrsg.): Das Pleistozän von Untermaßfeld bei Meiningen (Thüringen). Teil 2. Monographien des Römisch-Germanischen Zentralmuseums, Mainz 2001

KAHLKE, Ralf-Dietrich (Hrsg.): Das Pleistozän von Untermaßfeld bei Meiningen (Thüringen). Teil 3. Monographien des Römisch-Germanischen Zentralmuseums, Mainz 2001

KAUP, Johann Jakob: Vier urweltliche Raubthiere, welche im zoologischen Museum zu Darmstadt aufbewahrt werden. Archiv für Mineralogie, Geognosie, Bergbau und Hüttenkunde 5, S. 150-158, Berlin 1832

KAUP, Johann Jakob: Description d'Ossemens fossiles des Mammifères inconnus jusquà présent qui se trouvent au Muséum grand ducal de Darmstadt, 2 volumes, Darmstadt 1833

KAUP, Johann Jakob: Über *Machairodus cultridens* KAUP. Jahrbuch für Mineralogie, Geognosie, Geologie und Petrefaktenkunde, S. 270–272, Stuttgart 1859

KITTL, Ernst: Beiträge zur Kenntnis der fossilen Säugetiere von Maragha in Persien. I. Carnivoren. Annalen des k. k. Naturhistorischen Hofsmuseums, Band II, S. 317–341, Wien 1887

KOUFOS, George D.: The Villafranchian mammalian faunas and biochronolgy of Greece. Bolletino della Società Paleontologica Italiana 40 (2), S. 217–223, Modena 2001

LEIDY, Joseph: Notice of some vertebrates remains from Hardin County, Texas. Proceedings of Academy of Natural

and Science of Philadelphia, S. 174–176, Philadelphia 1868
LEIDY, Joseph: Descriptions of Mammalian Remains from a Rock Crevice in Florida. Transactions of the Wagner Free Institute of Science II. S. 13–17, Philadelphia 1889
LUND, Peter Wilhelm: Blik paa Brasiliens Dyreverden för sidste jordomvaeltning. Fjeder Afhandling: Fortsaettelse af Pattedyrene. Lagoa Santa d. 30 Januar 1841, Kopenhagen 1842
MARTIN, Larry Dean / SCHULTZ. Charles Bertrand / SCHULTZ, Marion R.: Saber-toothed cat from the Plio-Pleistocene of Nebraska. Transactions of the Nebraska Academy of Sciences 16, S. 153–163, Omaha 1988
MARTIN, Larry Dean / BABIARZ, John P. / NAPLES, Virginia L. / HEARST, Jonena: Three ways To Be a Saber-Toothed Cat. Naturwissenschaften 87, S. 41–44, Berlin/Heidelberg 2000
MAZAK, Vratislav: On a Supposed Prehistoric Representation of the Pleistocene Scimitar Cat *Homotherium* Fabrini, 1890 (Mammalia; Machairodontinae). Zeitschrift für Säugetierkunde, 35 (6), S. 359–362, Stuttgart 1970
MEADE, Grayon E.: The saber-toothed cat, *Dinobastis serus*. Bulletin of the Texas Memorial Museum, No. 2 (Part II), S. 23–60, Austin 1961
MEIN, Pierre: Report on activity RCMNS-Workgroups, 1971–1975, S. 78–81, Bratislava 1975
MERRIAM, John Campel / STOCK, Chester: The Felidae of Rancho La Brea. Carnegie Museum of Natural History Special Publication, 422, S. 1–321, Washington 1932
MOL, Dick: Bewijs komt van de bodem van de Noordzee. Sabaltandtijger leefde in Europa nog in het Laat-Pleistoceen. Straatgras 15 (1/2), S. 9–11, Rotterdam 2003
MOL, Dick: Het verwisselen van eigenaar van een onderkaak von een sabeltandkat aan het begin van de vorige eeuw en nu. Cranium 25, 1, Rotterdam 2008
MOL, Dick / LOGCHEM, Wilrie van / HOOIJDONK, Kees

van, BAKKER, Remie: De Sabeltand Tijger uit de Nordzee, Norg 2007

MOL, Dick / LOGCHEM, Wilrie van: The saber-toothed cat of the North Sea. Deposits, Issue 16, Seite 28–30, Southwold 2008

MOL, Dick / LOGCHEM, Wilrie van / HOOIJDONK, Kees van / BAKKER, Remie: The Saber-Toothed Cat of the Nord sea, Norg 2008

MOL, Dick / LOGCHEM, Wilrie: Nieuw uit de Nordzee: de grote sabeltandkat *Homotherium crenatidens*. Straatgras 20 (4), S. 50–52, Rotterdam 2008

MORLO, Michael: Die Raubtiere (Mammalia, Carnivora) aus dem Turolium von Dorn-Dürkheim 1 (Rheinhessen). Teil 1: Mustelida, Hyaenidae, Percrocutidae, Felidae. Courier Forschungs-Institut Senckenberg 197, S. 11–47, Frankfurt am Main 1997

MORLO, Michael / PEIGNE, Stéphane / NAGEL, Doris: A new species of *Prosansanosmilus*: implications for the systematic relationships of the family Barbourofelidae new rank (Carnivora, Mammalia). Zoological Journal of the Linnean Society, 140, S. 43–61, London 2004

NEUBAUER, Christine: Säbelzahntiger und wie sie lebten. Seminararbeit im Rahmen der Lehrveranstaltung, Wien, 9. Februar 2007

ORLOV, Juri Aleskandrowitsch: Tertiäre Raubtiere des Westlichen Sibiriens. I. Machairodontinae. Travaux de l'Institut de Paléozoologie, Academie des Sciences d'URSS, 5, S. 111–152, Moskau–Leningrad 1936

OWEN, Richard: A history of British mammals and birds. S. 1–560 (S. 174–183), London 1846

PEIGNÉ, Stéphane / BONIS, Louis de / LIKIUS, Andossa / MACKAYE, Hassane Taisso / VIGNAUD, Patrick / BRUNET, Michel: A new machairodontine (Carnivora, Felidae) from the late Miocene hominid locality of TM 266, Toros-Menalla, Tschad. Comptes Rendus de l'Académie des

Sciencies, Paris, Vol. 4, S. 243–253, Paris 2005
PIA, Julia / SICKENBERG, Otto: Katalog der in den österreichischen Sammlungen befindlichen Säugetierreste des Jungtertiärs Österreichs und der Randgebiete, Wien 1934
PILGRIM, Guy Ellcock: The correlation of the Siwaliks with mammal horizons in Europe. Records of the Geological Survey of India 40, S. 63–71, Calcutta 1913
PILGRIM, Guy Ellcock: Catalogue of the Pontian Carnivora oft Europe in the Department of Geology. British Museum London, London 1931
PROBST, Ernst: Der Ur-Rhein. Rheinhessen vor zehn Millionen Jahren, München 2009
PROBST, Ernst: Höhlenlöwen. Raubkatzen im Eiszeitalter, München 2009
REUMER, Jelle W. F. / ROOK, Lorenzo / VAN DER BORG, Klaas / POST, Klaas / MOL, Dick / DE VOS, John de: Late Pleistocene survival of the Saber-Toothed Cat Homotherium in Northwestern Europe. Journal of Vertebrate Paleontology 23 (1), S. 260–262, Deerfield 2003
ROTH, Johannes / WAGNER, Andreas: Die fossilen Knochenüberreste von Pikermi in Griechenland. Abhandlungen der mathematisch-physikalischen Classe der Königlich Bayerischen Akademie der Wissenschaften, 7, S. 371–464, München 1854
RÜGER, Ludwig: *Machairodus latidens* Owen aus den altdiluvialen Sanden von Mauer a. d. Elsenz. Sitzungsberichte der Heidelberger Akademie der Wissenschaften, Mathematisch-Naturwissenschaftliche Klasse, Berlin – Leipzig 1929
SABOL, Martin / HOLEC, Peter / Wagner, Jan: Late Pliocene Carnivores from Vceláre 2 (Southeastern Slovakia). Paleontological Journal, Vol. 42, No. 5, S. 531–543, Moskau 2008.
SALESIA, Manuel J. / ANTÒN, Mauricio / TURNER, Alan / MORALES, Jorge: Inferred behaviour and ecology of the primitive saber-toothed cat *Paramachairodus ogygia* (Felidae, Machairodontinae) from the Late Miocene of Spain. Journal

of Zoology, 266, S. 243–254, London 2006

SCHAEFER, Hans: Die pontische Säugetierfauna von Charmoille (Jura bernois). Eclogae Geologicae Helvetiae 54, S. 559–565, Basel 1961

SCHAUB, Samuel: Ueber die Osteologie von *Machaerodus cultridens* Cuvier. Eclogae Geologicae Helvetiae, 19 (1), S. 255–266, Basel 1925

SCHLOSSER, Max: Die fossilen Säugetiere Chinas. Abhandlungen der Königlich Bayerischen Akademie der Wissenschaften, II. Klasse, Band XXII, München 1903

SCHMIDT-KITTLER, Norbert: Raubtiere aus dem Jungtertiär Kleinasiens. Palaeontographica A, 155, S. 1–131, Stuttgart 1976

SCHÜTT, Gerda: Nachweis der Säbelzahnkatze *Homotherium* in den altpleistozänen Mosbacher Sanden (Wiesbaden, Hessen). Neues Jahrbuch für Geologie und Paläontologie. Monatshefte (3), S. 187–192, Stuttgart 1970

SENYÜREK, Muzaffer S.: A new species of *Epimachairodus* from Kücükyozgat. Türk Tarih Kurumu Belleten, 21 (81), S. 1–60, Ankara 1957

SOTNIKOVA, Marina V.: A new species from the late Miocene Kalmakpai locality in eastern Kazakhstan (USSR). Ann. Zool. Fennici 28, S. 361–369, Helsinki 1992

SOTNIKOVA, Marina V. / BAIGUHSHEVA, Vera S. / TITOV, Vadim Vladimirovich: Carnivores of the Khapry Faunal Assemblage and Their Stratigraphic Implications. Stratigraphy and Geological Correlation, Vol. 10. No. 4, S. 375–390, Moskau 2002. Translated from Stratigrafiya, Geologicheskaya Korrelyatsiya, Vol. 10, No. 4, S. 62–78. Original Russian Text, 2002

SPINAR, Zdenek V.: Leben in der Urzeit, Hanau 1984

STORCH, GERHARD: 157. Säbelzahnkatzen. Aus: SCHÄFER, Wilhelm: Lerne im Museum. 182 Themen zur Naturgeschichte aus dem Senckenberg-Museum, Kleine Senckenberg-Reihe Nr. 5 der Senckenbergischen Naturforschenden Gesellschaft, S. 350–351, Frankfurt am Main

THENIUS, Erich: Gepardreste aus dem Altquartär von Hundsheim in Niederösterreich. Neues Jahrbuch für Geologie und Paläontologie, Monatshefte, S. 225–238, Stuttgart 1954

TURNER, Alan / ANTÓN, Mauricio: The big cats and their fossil relatives, New York 1997

VAN HOOIJDONK, Kees: De vonst van de maand. De vondst van een calcaneum of hielbeen van een Pleistocene sabeltandtijger. Cranium 15 (2), S. 63–66, Rotterdam 1998

VAN HOOIJDONK, Kees: De sabeltandtijger *Homotherium latidens* in Nederland. De vonst van een niet alledaags fossiel, Grondboor & Hamer. Tweemaandelijks tijdschrift van de Nederlandse Geologische Verenigung 53 (6), S. 119–123, Maasstricht 1999

VAN HOOIJDONK, Kees: Europese vindplaatsen. Il était une fois ... Il y près de 2.000.000 d'annes à Chilhac. Cranium 19 (2), S. 164–167, Rotterdam 2002

VAN HOOJDONK, Kees: Wetenswaardigheden over *Homotherium*. Was *Homotherium* zoolganger of teenganger? Cranium 20 (2), S. 23–30, Rotterdam 2003

VAN HOOIJDONK, Kees: De Sabeltandkatten *Homotherium* en *Megantereon* (Felidae, Carnivora) van de Plio-Pleistocene site van Senèze (Haute Loire, Fr.). Cranium 23 (2), S. 25–38, Rotterdam 2006

WERDELIN, Lars / SARDELLA, Raffaela: The „Homotherium" from Langebaanweg, South Africa and the origin of *Homotherium*. Palaeontographica, Abt. A., 277, S. 123–130, Stuttgart 2006

WERDELIN, Lars / LEWIS, Margaret E.: A revision of the Genus *Dinofelis* (Mammalia, Felidae). Zoological Journal of the Linnean Society, Vo. 132, 1, S. 147–258, London 2001

WIEDENROTH, Horst Gustav / NAGEL, Doris / LÖDL, Martin: *Megantereon cultridens* – Eine Säbelzahnkatze nimmt

Formen an. Der Präparator, 47 (3), S. 125–132, Göttingen 2002

WIKIPEDIA Freie Enzyklopädie http://wikipedia.org

WOLDRICH, Josef: První nálezy Machaerodu v jeskynním diluviin moravském a dolnorakouském. Rozpravy Ceské akademie císare Frantiska Josefa pro vedy, slovesnost a umení, trrída II., 25 (12): Praha 1916

WOLF, Josef: Menschen der Urzeit. Die Entwicklung des Lebens auf unserer Erde, Illustrationen von Zdenek Burian unter der Leitung von Prof. J. Augusta, D. V. Mazek, Prof. Z. Spinar, Dr. J. Wolf, Prag 1988

ZAGWIJN, Waldo H. / JONG, Jan de: Die Interglaziale von Bavel und Leerdam und ihre stratigraphische Stellung im niederländischen Früh-Pleistozän. Mededelingen Rijks Geoloische Dienst, 37, S. 155–169, Haarlem 1984

ZDANSKY, Otto: Jungtertiäre Carnivoren Chinas. Palae-ontologica Sinica 2, S. 1–149, Peking 1924

Bildquellen

Mauricio Antón Ortúzar, Departamento de Paleobiologia, Museo Nacional de Ciencas Naturales-CSIC, Madrid: 30
Klaus Benz, Fotograf, Mainz-Laubenheim: 5 unten, 76
Rene Bleuanus, Bleudesign, Gorinchem: 4 oben, 12
Gemeinde Eppelsheim / Förderverein Dinotherium-Museum e.V. Eppelsheim: (Zeichnung von Pavel Major, Prag): 21 oben
Ulrich H. J. Heidtke, Niederkirchen (Pfalz): 5 Mitte, 71 oben, 71 unten
Hessisches Landesmuseum Darmstadt: 21 unten
MCZ Harvard: 14 oben
Ernst Probst, Mainz-Kostheim: 32
Reproduktion aus: MOL, Dick / LOGCHEM, Wilrie van / HOOIJDONK, Kees van / BAKKER, Remie: The Saber-Toothed Cat of the Nord Sea, Norg 2008: 59
Reproduktion aus: SOTNIKOVA, Marina V.: A new species of *Machairodus* from the late Miocene Kalmakpai locality in eastern Kazakhstan (USSR), Helsinki 1992: 57
Reproduktion aus: Tiere der Urwelt (Creatures of the Primitive World), Series 1 and 2. Illustrated by F. John, Printed 1902 and 1906(?), Germany: 4 Mitte, 16 oben
Reproduktion eines Gemäldes von Charles Robert Knight: 16 unten
Reproduktionen aus: ABEL, Othenio: Lebensbilder aus der Tierwelt der Vorzeit. Zweite erweiterte Auflage, Wien 1927: 18, 22
Reproduktionen aus: PROBST, Ernst: Deutschland in der Urzeit, München 1986 (Gemälde von Fritz Wendler, Obergotzing): 41
Miron Seffzek, Urzeitshop www.urzeitshop.de, Duvensee: 36
Shuhei Tamura, Kanagawa, Japan: 14 unten, 26 oben, 26 unten
Thüringer Zoopark Erfurt: 33
Professor Dr. Alan Turner, Research Centre in Evolutionary

Anthropology, School of Natural Sciences and Psychology
Liverpool John Moores University, Liverpool: 31
Kees van Hooijdonk, Rucphen, Niederlande: 5 oben, 28, 39
oben, 39 unten, 47, 52, (Reproduktion aus: BALLESIO, Roland: Monographie d'un *Machairodus* du gisement Villafranchien de Senèze: *Homotherium crenatidens* Fabrini, Lyon
1963): 37, 38
Hans Wildschut, Fotograf, Hoofddorp, Niederlande: 10
Frank Wouters, Antwerpen, Belgien: 4 unten, 43

Bücher von Ernst Probst

Archaeopteryx
Der Urvogel aus Bayern

Dinosaurier von A bis K
Von Abelisaurus bis zu Kritosaurus

Dinosaurier von L bis Z
Von Labocania bis zu Zupaysaurus

Dinosaurier in Deutschland
Von Efraasia bis zu Sellosaurus

Dinosaurer in Baden-Württemberg
Von Efraasia bis zu Sellosaurus

Dinosaurier in Niedersachsen
Von Elephantopoides bis zu Stenopelix

Raub-Dinosaurier von A bis Z

Das Dinotherium-Museum Eppelsheim
Führer durch die Ausstellung
(zusammen mit Dr. Jens Lorenz Franzen
und Heiner Roos)

Der Ur-Rhein
Rheinhessen vor zehn Millionen Jahren

Säbelzahntiger am Ur-Rhein
Machairodus und Paramachairodus

Der Rhein-Elefant
Das Schreckenstier von Eppelsheim

Krallentiere am Ur-Rhein
Die Forschungsgeschichte von Chalicotherium goldfussi

Menschenaffen am Ur-Rhein
Paidopithex, Rhenopithecus und Dryopithecus

Johann Jakob Kaup.
Der große Naturforscher aus Darmstadt

Deutschland im Eiszeitalter

Der Mosbacher Löwe.
Die riesige Raubkatze in Wiesbaden

Höhlenlöwen
Raubkatzen im Eiszeitalter

Monstern auf der Spur
Wie die Sagen über Drachen, Riesen
und Einhörner entstanden

Rekorde der Urzeit
Landschaften, Pflanzen und Tiere

Rekorde der Urmenschen
Erfindungen, Kunst und Religion

Affenmenschen
Von Bigfoot bis zum Yeti

Seeungeheuer
Von Nessie bis zum Zuiyo-maru-Monster

Die Bronzezeit

Die Aunjetitzer Kultur

Die Straubinger Kultur

Die Adlerberg-Kultur

Die nordische Bronzezeit

Die Hügelgräber-Kultur

Die Lüneburger Gruppe in der Bronzezeit

Die Stader Gruppe in der Bronzezeit

Die Urnenfelder-Kultur

Die Lausitzer Kultur

Meine Worte sind wie die Sterne
Die Entstehung der Rede des Häuptlings Seattle
(zusammen mit Sonja Probst)

Hildegard von Bingen
Die deutsche Prophetin

Elisabeth I. Tudor
Die jungfräuliche Köngin

Maria Stuart
Schottlands tragische Königin

Julchen Blasius
Die Räuberbraut des Schinderhannes

Machbuba
Die Sklavin und der Fürst

Christl-Marie Schultes
Die erste Fliegerin in Bayern
(zusammen mit Theo Lederer)

Frauen im Weltall

Königinnen der Lüfte von A bis Z

Königinnen der Lüfte in Deutschland

Königinnen der Lüfte in Europa

Königinnen der Lüfte in Amerika

Königinnen des Tanzes

Superfrauen aus dem Wilden Westen

Taschenbücher von Doris Probst

Weisheiten und Torheiten über das Alter

Weisheiten und Torheiten über die Arbeit

Weisheiten und Torheiten über die Ehe

Weisheiten und Torheiten über Frauen

Weisheiten und Torheiten über Männer

Weisheiten und Torheiten über Mütter

Weisheiten und Torheiten über Kinder

Weisheiten und Torheiten über die Liebe

Der Ball ist ein Sauhund
Weisheiten und Torheiten über Fußball
(zusammen mit Ernst Probst)

Worte sind wie Waffen
Weisheiten und Torheiten über die Medien
(zusammen mit Ernst Probst)

Adlerschrei und Zitronenfalter
Gedichte über Tiere

*

Bestellungen bei: www.grin.com